FERRET 1975

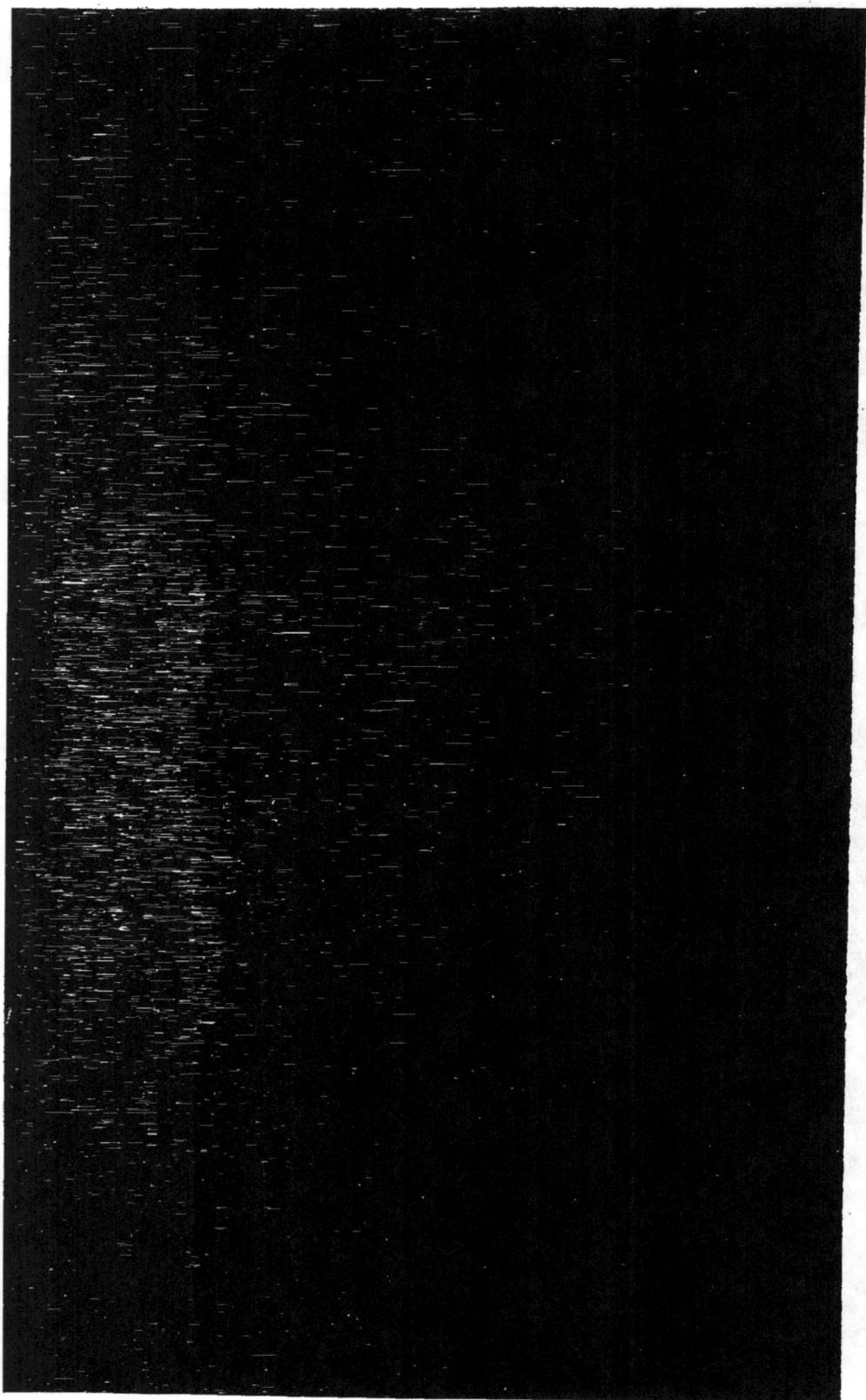

EN ALSACE

REVUE AGRONOMIQUE

DES ANNÉES 1868-1869

PAR

CH. D'ERESBY

PRÉCÉDÉ D'UN AVANT-PROPOS

PAR

J.-F. FLAXLAND

Membre fondateur de la Société des agriculteurs de France,
Membre correspondant de la Société des sciences agricoles et arts
du Bas-Rhin et de celle des vétérinaires d'Alsace,
Secrétaire du Comice de Ribeauvillé.

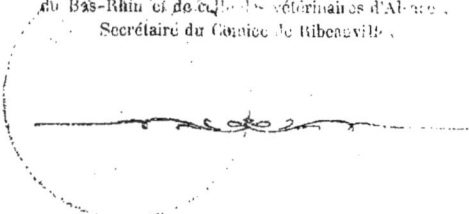

COLMAR

LIBRAIRIE HELD BALTZINGER,

GRAND'RUE.

1870.

AVANT-PROPOS

Parmi les tendances sociales de notre époque, il en est qui se dirigent, sans contredit, vers le double principe de la centralisation et de la décentralisation. De prime abord, ces tendances semblent se contredire et se diriger vers deux points opposés l'un à l'autre. Il n'en est pourtant pas ainsi. Pour se rendre compte de cette contradiction apparente et de la divergence des esprits, il suffit de se rappeler que les besoins de la société se divisent en deux groupes bien distincts. D'une part, nous voyons se grouper les aspirations intellectuelles dont la réalisation nous impose, en quelque sorte, des conditions cosmopolites, c'est-à-dire, indépendantes de toute limite géographiques. Pour réunir les efforts faits isolément dans les sciences, les arts, les lettres, etc.; pour appliquer ensuite les progrès réalisés à la vie des nations ; pour les éprouver au choc des opinions et de l'expérience, un, ou plusieurs points de centralisation semblent être nécessaires.

Il n'en est pas de même des conditions qui, nous sont imposées, d'autre part, par la réalisation des progrès matériels. Nous entendons par progrès matériels ceux qui restent à faire dans les diverses et nombreuses branches de l'activité humaine, dans l'industrie et dans l'agriculture. L'industrie comme l'agriculture ne sont, en définitive, autre chose que les travaux par lesquels l'homme approprie à son existence les règnes végétal, animal et minéral. Or, s'il est certain que des connaissances scientifiques sont indispensables à cet effet, il n'en est pas moins vrai qu'outre les données générales, ou plutôt, les données cosmopolites de la science, l'étude des ressources locales offertes par l'un ou l'autre des règnes que nous venons de désigner, doit jouer un rôle considérable dans toute entreprise industrielle, soit manufacturière soit agricole. Nous citerons, à cet égard, d'abord la nécessité de savoir utiliser les cours d'eau à la fois comme force motrice, comme agent fertilisateur, et comme agent chimique, et ensuite, nous pourrions citer à l'appui de notre thèse, les nombreux procédés de culture et de fabrication qui, sous l'influence des conditions géologiques et climatériques, varient d'une zône à l'autre.

Il faut donc, à l'industrie manufacturière comme à l'industrie agricole, une certaine décentralisation, et chaque région, dans la lutte des intérêts matériels, semble avoir besoin d'études spéciales relatives non-seulement au sol et au climat, mais encore à la vie propre des populations.

Ce n'est évidemment qu'à ce dernier point de vue que M. Ch. D'Eresby a cru faire une œuvre utile en réunissant en un petit volume les faits agricoles qui se sont produits en Alsace pendant

la seconde moitié de l'année 1868 et pendant
l'année 1869 : Rendre un compte sommaire des
travaux accomplis par les Sociétés agricoles et
les Comices ; combattre certains préjugés ; faire
ressortir la nécessité de renoncer aux traditions
empiriques et démontrer, en même temps, l'influence des agents locaux ; tel semble avoir été
le but de l'auteur qui nous occupe.

Parmi les préjugés, M. d'Eresby a cherché
tout d'abord à combattre celui qui fait croire que
chaque pays doit se suffire à lui-même. C'est là une
opinion qui, autrefois avait sans doute sa raison d'être
surtout pendant les longues années de la féodalité
où l'Europe entière était en guerre continue, où
chaque centre de population fut obligé de s'abri-
ter derrière des fortifications et de faire, tant bien
que mal, des provisions de toutes sortes pour
résister aux hordes guerrières toujours prêtes au
massacre et au pillage. Il n'en est plus ainsi
aujourd'hui, et M. d'Eresby nous semble avoir
parfaitement démontré (page 34.) que chaque
zône du Globe, ayant ses aptitudes et ses produits
spéciaux, ces produits doivent pouvoir être échangés
librement entre tous les peuples de l'Univers, et
que tel sera inévitablement le résultat des grandes
facilités de communications établies de plus en plus
à l'aide de la vapeur et de l'électricité.

Parmi les réformes des procédés de culture,
nous appelons l'attention des viticulteurs alsaciens
sur celle signalée page 93, qui a pour objet de
substituer le fer au bois. Cette substitution ne

change en rien la culture de nos vignes, elle n'en augmente pas le rendement, mais elle diminue au moins d'un tiers les frais de l'établissement des plantations.

D'autre part, et dans une polémique fort courtoise avec M. Jacquemin, le savant et zélé directeur de la station agricole du Bas-Rhin, l'auteur met plus particulièrement en relief les influences locales sur la végétation prairiale. Il ne nous appartient pas d'intervenir dans une une question tant controversée, et nous devons nous borner à appeler l'attention des cultivateurs sur un problême dont ils savent apprécier et l'importance et l'opportunité.

Disons encore que c'est grâce aux savants renseignements de M. Henry de Peyerimhof et aux persévérantes investigations de M. d'Eresby que les viticulteurs du Haut-Rhin possédent aujourd'hui quelques données certaines sur les mœurs de l'insecte connu sous la dénomination de *ver de la vigne*. (voy: p. 109. 123. 130. 137.)

Nous pensons donc que ce livre, si petit qu'il soit, a néanmoins un intérêt réel pour les populations agricoles de l'Alsace, d'autant plus qu'il constitue, en quelque sorte, un premier essaie d'annales de notre province, et qu'à ce titre seul, il sera peut-être le bien venu.

E. F FLAXLAND.

Kientzheim, le 27 janvier 1870.

EN ALSACE

REVUE AGRONOMIQUE

1868—1869

I.

SOMMAIRE. — Questions mises au concours par la Société des
sciences, agriculture et arts du Bas-Rhin. — Le comice agricole de Mulhouse et le bétail du Sundgau. — Les salignons
de MM. Weisgerber et Schilt, et le comice agricole de Ribeauvillé.

Au printemps dernier, la *Société des sciences, agriculture et arts du Bas-Rhin* a mis au concours diverses
questions dont l'importance ressort du chiffre élevé de
la somme destinée à récompenser le lauréat. Précédem-
ment la Société ne consacrait annuellement qu'une
somme de 300 fr. à la rédaction d'un mémoire traitant
une question agricole qu'elle désignait aux concurrents,
tandis que, cette année, le prix consistera en une somme
de 700 fr. et une médaille d'or de 100 fr.

Mais, si l'importance de cette somme a pu engager un
certain nombre d'agronomes alsaciens à prendre part au
concours, par contre les diverses questions à traiter,
indiquées sur le programme de la Société, nous semblent
hérissées de difficultés. En effet, constater le fort et le
faible de l'agriculture dans le Bas-Rhin ; examiner les
moyens de remédier à ce qui lui manque ; indiquer les
institutions de toute nature qui pourraient être introduites

dans le département; signaler en même temps les méthodes, machines, instruments dont l'importation serait utile; et enfin, rechercher les moyens de propager parmi les classes agricoles les notions scientifiques élémentaires qui leur feraient comprendre que le progrès consiste dans l'emploi rationnel des engrais ; ce sont là, assurément, des problèmes bien difficiles à résoudre et dont chacun demanderait, pour être étudié sérieusement, un travail de longue haleine. Aussi, l'auteur qui recevra la couronne au mois de novembre ou décembre prochain, et qui n'aura eu, pour élaborer toutes ces questions, que les quelques mois de chaleurs tropicales qui ont séparé, cette année, le printemps de l'automne, aura-t-il bien mérité ses lauriers.

A son tour, le comice de Mulhouse a fait, pendant l'année 1868, de louables efforts pour étudier l'agriculture de sa circonscription. Toutefois, se souvenant sans doute du vieil adage « qui trop embrasse, mal étreint » il a jugé à propos de prendre un à un les problèmes à résoudre et de marcher méthodiquement dans la voie du progrès. C'est ainsi, qu'il a fait établir dans tous les cantons du Sundgau un relevé, sous forme de statistique, du nombre et de la qualité des reproducteurs mâles de l'espèce bovine, ainsi que des divers modes employés dans l'élevage, l'entretien et l'engraissement de ces animaux. Ces utiles investigations confiées à des membres du comice, constatent, par des chiffres, qu'il est rare de trouver dans les communes sundgauviennes une proportion convenable entre le nombre des animaux mâles et femelles, et que les premiers, sous le rapport de la qualité, laissent beaucoup à désirer. Mais, hâtons-nous de le dire, l'activité du comice de Mulhouse est si grande, ses ressources si considérables, ses membres si nombreux et sa volonté si énergique qu'il lui a suffi de découvrir la plaie pour y appliquer le remède. Nous apprenons, en effet, que, sur ses sollicitations, son Exc. M. le Ministre de l'agriculture vient de lui accorder une subvention extraordinaire de mille francs qui, dit-on, seront employés à encourager les éleveurs de taurillons de la race, dite du pays.

Nous ne quitterons pas le bétail sans dire un mot des *salignons* fabriqués depuis peu par MM. Weisgerber et Schilt à Ribeauvillé. Ces salignons consistent en une espèce de briques faites avec du sel gemme broyé; séchées à une haute température et mélangées avec 2 p. $^0/_0$ de terre ou de sable, ces briques, fixées dans des boîtes, sont suspendues, dans les étables, à la portée des animaux, de telle sorte que ceux-ci peuvent les lécher à volonté.

L'usage de mettre à la discrétion des animaux du sel en masse compacte et durcie, semble devoir son origine aux éleveurs intelligents de l'île de Jersey. En effet, un morceau de sel gemme est suspendu dans chaque stalle des étables de cette île dont l'agriculture et le bétail jouissent d'une haute réputation. En Suisse, les éleveurs soigneux ont, depuis longtemps, suivi l'exemple donné par leurs confrères d'outre-Manche, en mettant le sel gemme, mais sous formes de briques, à la disposition de leurs animaux. Introduire le même usage en Alsace, et mettre à la portée des agriculteurs le sel à bon marché, tel est le but poursuivi par M. Weisgerber, agronome, et M. Schilt, vétérinaire.

Le sel, dit M. Schilt dans un rapport présenté au comice agricole de Ribeauvillé, est l'un des éléments les plus nécessaires à la vie animale. Il est indispensable à la digestion, il augmente la sécrétion du suc gastrique, il conserve le sang à l'état liquide et enfin, il joue un rôle tellement prépondérant dans l'organisme que toutes les sécrétions, telles que la sueur, la salive, l'urine en renferment jusqu'à 60 p. %. D'ailleurs, des observateurs attentifs, ajouta-t-il, ont remarqué que les animaux qui paissent sur les côtes de la mer deviennent plus beaux, plus forts, donnent plus de lait et sont moins assujettis à contracter des maladies contagieuses que ceux qui habitent plus avant le continent.

Nous n'avons pas à examiner si, dans ses appréciations, l'honorable vétérinaire de Ribeauvillé n'a pas exagéré, tant soit peu, l'influence du sel sur l'économie animale. Mais, ce qui nous paraît incontestable, c'est que l'addition du sel aux fourrages doit être subordonnée à la nature même des fourrages et des breuvages. En effet, il résulte de nombreuses analyses chimiques, faites par M. Boussingault, qu'en Alsace, 20 kilogrammes de foin provenant de prairies naturelles, contiennent de 50 à 80 grammes de sel, tandis que 50 kilogrammes de pulpes de pommes de terre renferment 7 à 11 fois moins, c'est-à-dire, seulement 7 grammes de sel. D'un autre côté, il faut ne pas oublier que la quantité de sel renfermée dans les foins dépend de la nature des eaux servant de véhicule à l'introduction des matières salines dans les tissus des plantes, et que, par conséquent, des analyses seraient nécessaires, pour trouver, dans chaque zône, la quantité du sel nécessaire à l'économie animale.

Ce sont, bien certainement, ces circonstances qui donnent si souvent lieu à des appréciations contradictoires de l'utilité du sel dans l'entretien des animaux

domestiques. Quoi qu'il en soit, le parti pris par MM. Weisgerber et Schilt, de mettre le sel à discrétion dans les
étables, nous semble être le plus rationnel, si toutefois
il est vrai que l'animal, plus sobre que l'homme, n'abuse
pas de l'abondance des aliments. Aussi, le comice de
Ribeauvillé a-t-il voté des remercîments aux intelligents
innovateurs des salignons.

II.

SOMMAIRE. — Les dernières inondations en Suisse. — De l'influence des forêts sur les inondations. — Une théorie accréditée.
— L'endiguement du Rhin. — Un équilibre rompu. — Des
inondations au point de vue de l'agriculture.

Nous venons de lire un long et lamentable récit des
malheurs causés par les inondations qui ont ravagé,
pendant les derniers jours du mois de septembre, certaines contrées de la Suisse : des villages ensevelis dans
l'eau ; des hommes et des animaux domestiques noyés ;
des prairies, des vergers, des champs submergés ; tel est
le bilan de ces cataclysmes sans parler de la misère
navrante dans laquelle sont plongées de nombreuses et
laborieuses familles.

Nous n'aurions pas, dans cette *revue*, à nous occuper
d'inondations, si l'une des causes principales de ce terrible fléau n'était pas mise, en quelque sorte, sur le
compte de l'activité humaine occupée sans cesse à refouler
les forêts et à établir d'autres cultures à leur place. En
effet, le déboisement, disent les hommes de la science,
constitue une cause permanente de débordement des
eaux, car les forêts font l'office d'immenses éponges qui
absorbent les eaux du ciel et les empêchent, par conséquent,

de s'accumuler au point de devenir désastreuses pour les populations placées le long des rivières et des fleuves.

La question nous semble être d'une telle gravité que nous nous garderons bien d'émettre à son égard une opinion péremptoire. Néanmoins, nous croyons pouvoir formuler quelques objections sans trop froisser la susceptibilité des nombreux partisans d'une théorie si généralement accréditée.

Disons donc, tout d'abord, que la comparaison entre les qualités physiques de l'éponge et celles de la terre nous paraît reposer sur une erreur. L'éponge absorbe la quantité d'eau qu'elle peut contenir jusqu'à une entière saturation, tandis que la saturation du sol par l'eau a des limites fixées par des lois naturelles. En d'autres termes, les affinités réciproques entre l'eau et la terre étant satisfaites, aucun des deux éléments n'est plus susceptible de s'unir avec une nouvelle quantité de l'autre.

C'est apparemment en vertu de cette loi que les cours d'eaux, les canaux, les rivières et les fleuves coulent entre les deux rives formées par le sol, et que celles-ci n'absorbent, comparativement aux grandes masses d'eau qu'elles forcent de poursuivre leur cours, qu'une quantité minime de liquide. Il est, du reste, incontestable que si l'attraction réciproque entre l'eau et la terre n'était pas soumise à la loi énoncée, l'eau et la terre ne formeraient qu'un seul élément; ou plutôt, pour nous servir d'une expression vulgaire, qu'une seule pâte.

Le sol forestier se trouve naturellement dans les mêmes conditions que les bords des cours d'eau, c'est-à-dire que sa puissance d'absorption est limitée. Il est inutile de faire remarquer que cette puissance peut être modifiée jusqu'à un certain point par la constitution géologique des terrains, qu'elle est susceptible d'être agrandie ou diminuée par des influences extérieures, et enfin, qu'elle doit être plus forte, par exemple, dans une terre desséchée par les rayons ardents du soleil que dans une terre humide et abritée par l'ombre d'une forêt. Or, à la suite de grandes masses d'eau qui tombent inopinément du ciel, le sol forestier nous paraît ne pas pouvoir absorber une quantité plus grande de liquide que ne retiendrait une terre labourée, et cela d'autant moins qu'une surface dégagée d'objets obstruants, retiendra plus d'eau qu'une surface hérissée de corps solides, quelle que soit d'ailleurs la nature spongieuse de ces corps.

Nous ne dirons rien des barrières ou digues naturelles que la forêt est censée former pour arrêter le cours des eaux : Le sol forestier étant saturé d'eau, celle-ci s'en échappera, à coup sûr, avec d'autant plus de violence qu'elle a été retenue pendant quelque temps.

Nous regrettons bien d'être obligé d'avouer également notre scepticisme à l'égard des gigantesques constructions ayant pour but de prévenir les inondations. Bien des millions, en effet, ont été employés, jusqu'à ce jour, à élever des barrages, à construire des digues de toutes façons, à resserrer les fleuves dans des lits étroits, sans que l'on soit parvenu ou à empêcher le retour des inondations ou à diminuer la gravité des cataclysmes destructeurs : Comptant sur l'efficacité de ces magnifiques travaux d'art, les populations établissent, sous leur protection, de nombreux villages qui contribuent à rendre les dommages, causés par les débordements, plus grands que jamais. C'est ainsi que, lors de l'inondation de 1854, quatre-vingts communes furent submergées, les unes partiellement, les autres en totalité, à la suite de nombreuses brèches ouvertes par l'impétuosité des eaux dans les digues établies le long du Rhin, sur le littoral français.

La science et les arts ainsi déjoués par la véhémence des eaux, faut-il en mettre la cause sur le compte du déboisement, ou plutôt sur le compte des connaissances insuffisantes des ingénieurs ? — C'est là, nous l'avons fait remarquer plus haut, une question sur laquelle nous n'émettons point d'avis absolu. Au point de vue de l'agriculture pourtant, on a cru remarquer, dans ces derniers temps, que les encaissements des cours d'eau, grands et petits, menacent d'avoir des conséquences désastreuses.

Une courte digression est nécessaire ici pour nous expliquer à ce sujet. Les prix excessifs des vivres, les calamités qui s'amoncèlent sur l'agriculture, ne seraient pas, suivant les agronomes chimistes, seulement dus aux inclémences des saisons et à l'imperfection des méthodes de culture, mais à quelque chose de plus douloureux, à la rupture de l'équilibre entre l'enlèvement des éléments nutritifs des plantes et la restitution de ces mêmes éléments sous forme d'engrais. En un mot, d'illustres savants croient prévoir que des temps viendront où le manque d'engrais amènera la décadence et la ruine des nations *civilisées*.

De prime abord, nous avons été fort peu touché de ces sinistres pronostics. L'homme, nous disions-nous, n'emporte, dans l'autre monde, ni pain, ni viandes, ni légumes, ni engrais. En se retirant des longues et pénibles luttes terrestres, l'homme abandonne même son cadavre à la terre pour la féconder au bénéfice des générations à venir. Or, les forces qui se contrebalancent si exactement et si admirablement, comment peuvent-elles être rompues

par l'homme qui n'y apporte rien et qui n'en détache pas
davantage ? —

La rupture de l'équilibre entre la production et la consommation nous parut donc impossible jusqu'au moment
où des savants éminents sont venus en donner les raisons
suivantes : « Les eaux, disent-ils, destinées à féconder
la terre, en sont détournées par les populations civilisées
qui les forcent à s'écouler rapidement entre des rives
resserrées étroitement. Sur ces rives, les hommes établissent de vastes cités commerçantes et manufacturières.
Ces centres populeux et presque innombrables consomment ce que la terre produit de mieux en matières
animales et végétales. Les résidus de ces matières et les
ordures de toutes sortes renfermant d'immenses quantités d'azote, au lieu de retourner au sol pour entretenir
sa fertilité, sont abandonnés aux rivières et aux fleuves
qui les emportent dans l'immensité des mers. »

Les magnifiques travaux d'art, dont nous venons de
parler, contribueraient donc non-seulement au malaise
momentané dont on se plaint, en enchérissant les substances alimentaires, ils menaceraient encore, par une
action lente mais incessante, de priver, pour les siècles à
venir, le sol des éléments indispensables à sa fécondité.

L'examen de cette importante question fera l'objet du
chapitre suivant.

V.

Il a été démontré, dans le chapitre précédent, de quelle façon l'équilibre entre la production et la consommation des substances alimentaires peut être rompu par l'endiguement incessant des rivières et des fleuves : Aux yeux d'éminents savants les eaux encaissées entre des rives étroites précipitant leur cours, emportent journellement d'immenses quantités de détritus organiques et inorganiques nécessaires à la nutrition des plantes et, par conséquent, indispensables à l'alimentation des hommes et des animaux.

Les documents nous manquent pour évaluer ici les quantités de matières fertilisantes que les eaux enlèvent annuellement à notre continent. Néanmoins nous pouvons constater que, d'après des calculs établis par le célèbre chimiste Liebig, les seuls Waterclosets de Londres occasionnent une perte d'éléments nutritifs qui suffiraient à produire la nourriture nécessaire à trois millions et demi d'hommes.

Mais, ce ne sont pas seulement des matières organiques, c'est-à-dire des détritus provenant des animaux et des plantes que les eaux emportent des grands centres de population, elles charrient encore des masses bien plus considérables d'éléments inorganiques provenant de la désagrégation des roches et qui ne sont pas moins nécessaires à la végétation sur la surface de la terre.

Pour donner à nos lecteurs, qui ne sont pas initiés à la science géologique, une idée des pertes que la terre éprouve ainsi, nous sommes obligé de lui rendre compte de l'action puissante que les eaux exercent sur le globe. Qu'il nous soit donc permis de jeter un coup d'œil très-rapide sur cette attrayante mais si mystérieuse histoire que les savants géologues nous donnent de la planète que nous habitons.

A son origine, le globe terrestre formait une sphère incandescente entourée de vapeurs et poursuivant autour du soleil une course régulière. Dans ce mouvement, le globe abandonne peu à peu sa chaleur primitive ; sa surface d'abord fluide, se fige par place, se resserre, se fendille et, à la suite des âges, une séparation s'opère entre les éléments solides et les éléments liquides, c'est-à-dire entre la terre et l'eau. Mais la terre ayant continué à renfermer des masses incandescentes, celles-ci réagissent à la surface en soulevant des aspérités que nous désignons sous le nom de montagnes. Les eaux, devenues libres, se chargent de gaz acides ; elles excercent des ravages sur les roches primitives et, au moyen de leur action dissolvante, elles répandent et déposent dans les vallées les détritus qu'elle a enlevés aux roches les plus dures. Enfin, à des époques moins reculées, la foudre se forme et la gelée, le vent, la pluie continuent à arracher chaque jour quelque chose des hauteurs destinées à entretenir la fertilité des plaines.

Pour démontrer cette action dissolvante des eaux et la formation du sol arable, M. Daubré eût un jour l'idée ingénieuse de placer dans un tonneau, tournant sur son axe horizontal, des fragments de granite et de l'eau. Or, sous l'influence du choc et de l'eau le granite fut non-seulement brisé et réduit en poudre, mais le feldspath qu'il contenait s'est encore décomposé en silicate d'alumine et en silicate de potasse, et enfin le quartz, s'en séparant à son tour, M. Daubré avait obtenu du même coup les éléments essentiels de la terre arable : l'argile et le sable.

Mais avant de tirer une conclusion de ce qui précède, ajoutons que le *Gange* entraîne annuellement cinq cent mille pieds cubes de matières solides, que, plus près de nous, le Rhône charrie, dans le même espace de temps, vingt et un millions mètres cubes de limon ; que la Durance en transporte par an dix millions de mètres cubes contenant autant d'azote que 100,000 tonnes de guano, et autant de carbone que pourrait en fixer par an 47,000 hectares de forêts [1]. — Considéré au point de vue de l'agriculture, on comprendra maintenant que l'homme, en forçant les eaux à se verser rapidement, entre deux digues, dans les mers, abandonne une conquête que la nature a mis généreusement à sa disposition, et enfin, on comprendra que les endiguements incessants des cours d'eau doivent constituer une question bien vaste insuffisamment étudiée jusqu'à ce jour.

D'un autre côté, le fréquent retour des inondations dont les suites ne sont pas moins désastreuses, qu'elles ne l'ont été dans les siècles antérieurs, semble démontrer qu'en encaissant les rivières, l'homme a entrepris une lutte gigantesque contre un élément omnipotent dont la colère grandit en proportion de la résistance qu'on lui oppose. C'est ainsi, qu'en 1856, quarante et un dépar-

[1] Nous empruntons ces derniers chiffres à un excellent article sur la fertilisation des Landes, publié dans le *Journal des économistes* du 6 juin 1865, par M. Paul Boiteau.

tements furent abimés par les inondations, et que les localités les plus dévastées furent précisément celles dont la défense avait été l'objet des travaux les plus suivis et les plus dispendieux.

L'ensemble de ces circonstances ne nous autorise-t-il pas à dire que dans les travaux édifiés jusqu'à ce jour pour combattre les eaux irritées, il existe un vice profond et d'autant plus grave qu'il semble contrarier l'ordre des choses établi par la création ? Et, en effet, suivant des observations récentes, ce vice consisterait dans l'art trop abstrait de l'ingénieur qui, sans se rendre compte du rôle que jouent les eaux dans la combinaison des terres arables, ne tendait qu'à les en détourner violemment. D'ailleurs, en examinant les divers systèmes de défense suivis depuis le xiie siècle, on voit que le premier qui fut appliqué et exécuté par les populations rurales elles-mêmes, consistait à ménager, de distance en distance des retraites ou plutôt des réservoirs dans lesquels les eaux courroucées venaient se déverser. Des digues transversales conduisaient les eaux dans ces réservoirs qui, à leur tour, correspondaient à de nombreux canaux destinés à l'irrigation des terres.

C'est ainsi que les Egyptiens conduisent encore aujourd'hui les eaux débordantes du Nil jusqu'au pied des montagnes et les forcent à déposer leur limon fertilisant sur le sol qu'elles inondent ; c'est ainsi que deux canaux de la Lombardie, creusés au xiie siècle ont transformé cent mille hectares de terres sablonneuses en riche prairies, et c'est ainsi encore que l'Espagne irrigue ses prairies au moyen de canaux établis par les arabes. Nous ne nous arrêterons pas à toutes les phases parcourues dans les derniers siècles par l'art de l'ingénieur. Disons pourtant que l'art de l'ingénieur est constamment resté étranger aux intérêts de l'agriculture et que, faire la part aux crues des eaux, lui semblait au-dessous de sa mission. Dompter les eaux directement par l'exhaussement de digues continues, tel a été le but contre lequel sont venus échouer les efforts redoublés de l'art moderne.

Une série de siècles était nécessaire pour démontrer l'impuissance de l'homme dans ces luttes gigantesques, hâtons-nous, toutefois, de dire que des conceptions plus heureuses et plus conformes aux lois de la création viennent de surgir chez un petit nombre d'ingénieurs d'élite décidés à transiger avec les eaux irritées.

Reboiser et regazonner le sol partout où il est dénudé et où il refuse d'être labouré ; accorder à l'agriculture les terres boisées dont elle a besoin pour subvenir à l'alimentation publique ; et enfin partager les eaux entre l'industrie, le commerce et l'agriculture, tels nous semblent être, en effet, les moyens les plus conformes à l'ordre établi par les lois naturelles et, en même temps, les moyens les plus propres à diminuer la cherté des vivres, à augmenter les fourrages pour les animaux domestiques, et enfin, à rendre les débordements moins dangereux.

VI.

Sommaire. — Opinion de Buffon relative au croisement des graines et des animaux. — Le noir des blés, les brasseurs alsaciens et la levûre de bière. — Opinions de MM. Buchinger et Schattenmann. — Une circulaire de M. le baron Hesso de Reinach, député et président du comice de Mulhouse.

« Ce qu'il y a de singulier, dit l'illustre Buffon dans son histoire naturelle, en parlant du cheval, c'est qu'il

semble que le modèle du beau et du bon soit dispersé par
toute la terre, et que dans chaque climat il n'en réside
qu'une portion qui dégénère toujours, à moins qu'on ne
la réunisse avec une autre portion prise au loin : en sorte
que pour avoir de bon grain, de belles fleurs, etc., il faut
en échanger les graines, et ne jamais les semer dans le
même terrain qui les a produites ; et de même, pour avoir
de beaux chevaux, de bons chiens, il faut donner aux
femelles du pays des mâles étrangers, et réciproquement
aux mâles du pays des femelles étrangères. Sans cela les
grains, les fleurs, les animux dégénèrent et prennent une
si forte teinture du climat, que la nature domine sur la
forme et semble l'abâtardir. »

C'est là évidemment l'origine de cette curieuse doctrine
qui récemment encore a engagé l'un des plus zélés bota-
nistes du Bas-Rhin, M. Buchinger, à faire remarquer à
un cultivateur des environs de Strasbourg que, si ses blés
levés de graines de Hongrie se sont présentés dans un état
de santé parfait, tandis que les blés provenant de graines
indigènes ont été atteints du *charbon*, c'est-à-dire d'un
champignon qui, s'implantant dans les épis, les réduit
en poussière, c'est parce que les premières étaient venues
d'un pays étranger, tandis que les dernières ont été récoltées par lui-même.

L'honorable botaniste appuie son argumentation sur
les grandes quantités de graines de lin exportées par les
provinces baltiques de la Russie ; sur l'échange des
bulbes de tulipes qui lui paraît être le seul moyen d'empêcher la dégénérescence de ces plantes, et enfin, sur la
nécessité qu'éprouvent les brasseurs de l'Alsace, qui
tiennent à la bonne qualité de leurs produits, d'avoir
recours à la levûre de premier choix qu'ils font venir du

dehors pour renouveler celle qui, chez eux, *a commencé à se gâter.*

Ce dernier argument ne nous semble pas d'une logique irréprochable. Il manque évidemment le but que l'esti-. mable botaniste se proposait d'atteindre, car si l'un ou l'autre des brasseurs alsaciens a laissé sa levûre se détériorer, il est bien obligé de s'en procurer de la bonne ailleurs. L'argument serait plus concluant si les brasseurs ne pouvaient faire de la bière de première qualité qu'avec de la levûre étrangère. Quant à l'échange des graines, M. Schattenmann, l'honorable vétéran de l'agriculture alsacienne, semble ne pas y trouver une preuve incontestable en faveur de la doctrine de Buffon. A cet effet, il a adressé au zélé botaniste une excellente lettre à laquelle nous nous permettons d'emprun-ter les lignes qui suivent :

« ... Je n'ai jamais eu trace de charbon dans mes champs, sans avoir changé de graines, grâce au chaulage du froment de semence avec le sulfate de cuivre, que j'ai toujours pratiqué. Je crois de plus qu'il est utile de laisser bien mûrir le froment de semence et de faire choix des plus grosses graines au moyen du crible ou du trieur.

« L'année dernière, j'ai fait une très-belle récolte de froment, malgré les intempéries de l'année, et j'ai vendu plusieurs centaines d'hectolitres de froment de semence aux cultivateurs de nos environs, qui sont aujourd'hui fort étonnés de voir que les champs ensemencés avec mon froment de semence se distinguent par leur beauté et n'ont pas de charbon, tandis que les champs à côté en ont considérablement [1]...»

A notre avis, M. Schattenmann a mis le doigt sur la véritable cause des insuccès qu'éprouvent souvent un grand nombre de nos cultivateurs au moment des récoltes :

[1] Voyez *Courrier du Bas-Rhin* des 6 et 7 juillet 1863.

un triage scrupuleux entre les diverses qualités de graines, une sélection, c'est-à-dire un choix minutieux des bonnes graines, l'écartement des graines avortées ou malades nous semblent être le moyen par excellence pour assurer la prospérité des germes confiés à la terre. Les semblables engendrent les semblables, c'est un axiome vieux comme le monde, mais dont malheureusement le plus grand nombre de nos agriculteurs semblent méconnaître et l'importance et la portée.

D'ailleurs, nous sommes tellement convaincu de l'efficacité de la sélection des graines de semence, que nous pensons même que le sulfate de cuivre ne joue qu'un rôle très-secondaire dans les succès de M. Schattenmann. En effet, quelle est l'action chimique ou physique du sulfate de cuivre sur les plantes? Peut-il rendre plus grosses, plus corsées, plus robustes, plus fécondes les graines bien portantes? — Peut-il donner la santé à la graine malade? — Telles sont les questions que nous adresserions volontiers, au sujet de l'action exercée sur les plantes par le sulfate de cuivre, à M. Schattenmann, si nous avions l'avantage de le connaître particulièrement.

A la question du choix des graines de semence se rattache intimement la question de la sélection des animaux reproducteurs. A ce sujet, on nous communique une circulaire, datée du 15 novembre 1868, et qui vient d'être adressée par M. le baron Hesso de Reinach, député et président du comice de Mulhouse, aux maires de la circonscription.

Contrairement à l'opinion dont nous avons parlé plus haut, M. de Reinach met en relief la nécessité de conserver et de développer les qualités précieuses du bétail sundgauvien et de le préserver de toute alliance avec des animaux étrangers : Notre bétail indigène , dit-il , celui qui dérive de la race suisse bigarrée, fournit d'excellents travailleurs , de bonnes laitières , il donne , à la fin de sa carrière, un excellent rendement à la boucherie, et enfin, habitué au climat, à l'alternative des années d'abondance et de disette de fourrages, il prospère rapidement par les bonnes récoltes , en même temps qu'il résiste au régime parcimonieux souvent imposé à nos cultivateurs par les intempéries si fréquentes dans notre région.

C'est donc, suivant M. de Reinach, par une judicieuse sélection opérée parmi les reproducteurs mâles et femelles du pays, que l'amélioration de l'espèce bovine deviendra réalisable. « Déjà, dit-il , le comice de Mulhouse , composé de près de sept cents membres, s'est mis à l'œuvre : il a acheté ou primé un assez grand nombre de taurillons choisis dans la race du pays ; des ventes publiques de jeunes taureaux auront lieu chaque année au printemps et en automne et offriront l'occasion aux entrepreneurs et aux gardiens de taureaux d'acheter des animaux susceptibles de donner à nos bêtes bovines des qualités répondant aux besoins croissants de l'alimentation publique. »

Mais , pour que les efforts du comice , ajoute M. de Reinach, deviennent efficaces, le concours des administrations municipales des campagnes nous est nécessaire : En augmentant ou en supprimant les encouragements qu'elles accordent aux éleveurs , elles peuvent concourir à faire disparaître les taureaux défectueux dont le nombre atteint les deux tiers. Elles peuvent faire comprendre aux populations qu'une proportion , qui fait le plus souvent défaut, est nécessaire entre les reproducteurs mâles et femelles, et enfin, moralement, elles devront appuyer

et propager les leçons de l'expérience et de l'observation
émanant du comice composé des cultivateurs les plus
zélés et les plus éclairés de la circonscription.

L'honorable président termine sa circulaire en invitant
MM. les Maires à s'adresser, lors des acquisitions de taureaux destinés au service public, aux commissions per-
manentes et compétentes en matières zootechniques,
organisées par les soins du comice dans chaque canton,
et chargées de se mettre à la disposition des communes
qui voudront recourir à leurs lumières ainsi qu'à leur
dévouement aux intérêts de l'industrie agricole.

Cette circulaire a-t-elle besoin de commentaires? —
Nous ne le pensons pas. Nous regrettons seulement de ne
pas avoir pu la reproduire *in extenso*.

VII.

SOMMAIRE. — De la consommation des viandes de boucherie. —
Les chemins de fer et les filets de bœufs. — Observations de
M. Zundel relatives au prix élevé des viandes. — La libre
concurrence et la boucherie alsacienne.

Du bétail, dont nous avons parlé en dernier lieu, aux
viandes de boucherie, la transition est facile. Le moment
est donc opportun pour dire un mot à propos des observations recueillies et publiées récemment, à ce sujet, par
M. Zundel, l'un des secrétaires de la Société des vétérinaires d'Alsace[1]. Mais, avant d'entreprendre un compte-
rendu sommaire de ces observations, nous mettrons sous
les yeux du lecteur quelques données sur les évolutions
qui ont eu lieu, à la suite de l'établissement des voies

[1] Voyez l'*Industriel alsacien* des 27 et 28 octobre 1868.

ferrées, dans la production des viandes ou plutôt dans la
valeur des animaux domestiques.

Il y a une trentaine d'années, la valeur des animaux de
boucherie était encore, en quelque sorte, relative à la
densité des populations, aux climats et surtout à la production fourragère des pays. Le bétail était alors con-
sommé sur place et était ainsi d'un prix élevé dans les
contrées pauvres en pâturages, tandis que le prix en était
fort minime là où la culture des fourrages occupe de
vastes étendues. Cette situation fut complètement et
rapidement modifiée par l'établissement de nombreux
chemins de fer qui vinrent transporter les animaux d'une
zône à l'autre. Les voies ferrées amenèrent non - seulement à des marchés très-distants des animaux de toutes
espèces et susceptibles d'être livrés immédiatement à la
consommation, mais encore furent-elles bientôt utilisées
pour le transport des viandes dépécées et de choix dont
le commerce était autrefois d'une impossibilité absolue.
C'est ainsi que, d'après une évaluation faite en 1865 par
M. Perdonnet; directeur de l'Ecole centrale des arts et
manufactures, les gares de Strasbourg et de Bâle remet-
traient chaque jour aux trains rapides de 2,000 à 2,500
kilogr. de filets de bœuf provenant du grand-duché de
Bade et de la Suisse allemande.

L'Alsace semble ne pas contribuer pour une part
appréciable à ces expéditions. Le département du Bas-
Rhin, par exemple, ne possède dans ses étables, en
moyenne, qu'environ 20,000 bœufs, dont la ville de
Strasbourg absorbe annuellement, et à elle seule, près
d'un tiers, c'est-à-dire environ 6,000. La même ville
emploie, en outre, environ 20,000 veaux à sa consommation, tandis que, selon des documents officiels de sta-

tistique, les quatre arrondissements, composant le département, n'en produisent annuellement que 29 à 30,000.

Le prix élevé des viandes paraît donc être, pour certaines contrées du moins, le résultat d'une transformation dans les conditions sociales et d'une nouvelle répartition des viandes, répartition opérée peut-être trop brusquement à la suite d'inventions merveilleuses dont le siècle, d'ailleurs, peut se glorifier à bon droit.

A ces données générales, M. Zundel vient d'ajouter des renseignements locaux pleins d'intérêts : Il constate qu'il y a aujourd'hui des boucheries dans chaque village de l'Alsace tant soit peu populeux, tandis qu'elles étaient fort rares, il y a une trentaine d'années, dans les chefs-lieux des cantons, voire même dans ceux des arrondissements, mais que, néanmoins, la quantité moyenne de viandes de boucherie consommée en France par chaque individu, quantité qui était, en 1812, de 17 kilogr. pour l'année, ne s'est élevée qu'à 28 kilogr. ; que cette consommation atteint bien à Paris 80 à 90 kilogr. ; mais qu'elle n'est encore que de 15 à 18 kilogr. dans les villes de province et, enfin, qu'elle ne s'élève même qu'à 14 kilogr. dans les populations rurales de l'Empire.

Suivant M. Zundel la consommation des viandes de boucherie augmente en France dans une proportion géométrique tandis que la production, c'est-à-dire l'élévage du bétail ne se réalise que dans une proportion arithmétique, ce qui veut dire apparemment et, en d'autres termes, que la consommation s'étend et gagne de grands espaces, tandis que la production n'augmente qu'en raison des moyens ou des ressources qu'elle trouve favorables à son développement, M. Zundel émet ensuite quelques autres considérations mais auxquelles nous avons le regret de ne pas pouvoir souscrire : il pense que les emprunts que fait la France à l'Etranger ne seront plus réalisables dans un avenir plus ou moins rapproché attendu que la consommation des viandes augmente et se propage en Allemagne et dans les autres pays étrangers sur la même échelle comme en France. Nous pensons, au contraire, que l'échange entre les produits de l'industrie agricole agrandira avec la paix et la solidarité des nations, et qu'un temps viendra où chaque zône de l'Europe exploitera plus spécialement les cultures propres à son climat : les vins, les soies, les fruits de toutes sortes obtenus sous un soleil ardent seront alors échangés avec plus de facilités encore contre les peaux, les graisses, les viandes provenant des régions humides et tempérées si favorables à l'élève des animaux de boucherie.

Par contre nous sommes parfaitement d'accord avec l'estimable vétérinaire quand il déplore l'absence d'une surveillance vigilante sur nos marchés. «Ce n'est pas seulement, dit-il, contre les viandes trop maigres qu'il faut se récrier, mais les 60 à 65 0/0 d'eau que ces viandes renferment atteignent un chiffre bien plus élevé dans les viandes provenant d'animaux malades et souvent infectés de virus dangereux : les marchands forains achètent le bétail où ils veulent et le tuent chez eux; ils ne sont astreints à aucune inspection, à aucune surveillance. Aussi les bêtes malades, les vaches phthisiques, toutes les viandes corrompues et insalubres que rejette le commerce régulier, sont-ils l'objet d'un trafic considérable et sont introduites dans les villes sinon comme viandes d'étal, du moins comme viandes de charcuterie. Souvent la ville consomme ce que nos populations rurales refusent énergiquement.

On se demande dès lors comment il se fait que ce

commerce ne soit pas mieux surveillé; comment il se fait qu'il n'y a pas partout une inspection rigoureuse non-seulement dans les abattoirs, mais encore près des étals et surtout dans les arrière-boutiques et à la banlieue!»

Nous n'avons nulle compétence ni en matières de police ni en matière de boucherie : c'est donc sous toute réserve que nous reproduisons ici les observations de l'honorable vétérinaire de Mulhouse. Toutefois, ce qui nous paraît certain, c'est que la boucherie elle-même doit avoir le plus grand intérêt à éloigner de ses marchés et de ses étaux une concurrence déloyale, à la fois préjudiciable à son industrie et dangereuse pour la salubrité publique.

VIII.

Sommaire. — Les hannetons. — Un vœu proposé au Conseil général du Bas-Rhin. — Objections faites à ce vœu. — Le Code forestier et le droit de panage. — Le comice agricole de Wissembourg. — Une question zootechnique. — Divergence dans l'économie forestière de l'Allemagne et de la France.

Nous ne quitterons pas l'année 1868 sans nous souvenir de l'alarme jetée, au printemps dernier, dans les populations rurales par l'apparition d'un nombre prodigieux d'hannetons. D'un commun accord les journaux politiques, scientifiques et agricoles de la capitale et de la province signalèrent les immenses dégats causés par l'insecte, et rivalisèrent de zèle à enregistrer les divers moyens proposés pour sa destruction.

Parmi ces moyens, un nombre bien petit — pour ne pas dire aucun — avaient réellement le mérite de la nouveauté. Toutefois, un vœu à ce sujet, fondé sur des considérations qui ne manquent ni d'originalité ni d'un certain esprit d'indépendance, a été émis par l'un des membres du Conseil général du Bas-Rhin, lors des séances du mois d'août dernier. Ce vœu, se rattachant, en quelque sorte, à la question qui nous a occupé dans le dernier chapitre relatif aux prix élevés des viandes de boucherie, doit, pensons-nous, prendre à son tour une place dans cette modeste revue.

Voici les termes de ce vœu dû avec plusieurs autres à des initiatives individuelles et que la commission a été d'avis d'accueillir.

« Les ravages causés par les hannetons et les vers blancs dans le voisinage des forêts étant très-considérables, un membre du Conseil, pour arriver à la destruction de ces insectes, propose que le parcours des porcs dans les forêts fût permis en tout temps. Il fait remarquer que ces animaux, en fouillant le sol, mettent à découvert les vers blancs dont ils sont très-friands et détruisent aussi les hannetons à l'état de larves. Loin de causer des dégats dans les futaies, les porcs rendent au contraire de grands services à la culture forestière, pourvu qu'on ne les relègue pas dans un espace trop restreint, où ils séjourneraient trop longtemps. Dans les jeunes plantations, ils causeront dix fois moins de dommage que les vers blancs qui rongent les racines des plantations. De plus, en remuant la terre, ils ameublissent le sol et facilitent ainsi les ensemencements naturels, en permettant à la graine qui tombe de germer et de prendre racine. »

Ce vœu a donné naturellement lieu à bien des objections faites de part et d'autre, et dont nous devons recueillir également les plus importantes.

Les trois mois de durée, disent les uns, accordés par le Code forestier au droit de panage, sont suffisants pour faire fouiller le sol par les porcs, qui, en prolongeant leur séjour dans les bois, non-seulement y détruisent les vers blancs, mais en exterminent, en même temps, le gibier. D'un autre côté, la forêt ne saurait être considérée, comme semble l'indiquer le vœu, comme asile de prédilection des insectes ravageurs : c'est sur les lisières des bois que sont commis les plus grands dégats, et dès lors on ne saurait accuser, pas plus les forêts que les diverses cultures des champs, de propager les hannetons. Enfin, on a cité, en dernier lieu, un certain nombre de communes du Bas-Rhin qui profitent de leur droit de panage et dont les forêts ont été néanmoins, et notamment en 1865, complètement ravagées.

La solution du problème semble donc, sous tous les rapports, difficile à trouver. Pourtant, comme le problême a été posé, autant que nous sachions, pour la première fois, il serait à désirer que le Conseil général du Bas-Rhin prenne ce vœu en considération, et que des observations suivies soient faites à ce sujet à la fois par l'administration forestière et les comices.

Et à propos de comice, n'oublions pas de dire qu'antérieurement au vœu proposé au Conseil général du Bas-Rhin, le comice de Wissembourg, sous la présidence de l'honorable M. Gauckler, avait déjà adressé des doléances au préfet du département, doléances ayant pour but d'obtenir, de son Exc. le Ministre des finances et de l'administration forestière, l'ancien droit de pâturage dans les forêts domaniales et communales. Ces doléances étaient basées sur ces considérations qu'autrefois de nombreux troupeaux de porcs circulaient librement dans les forêts de l'arrondissement; qu'au lieu d'y occasionner des dommages, ils y détruisirent grand nombre d'insectes dangereux pour la végétation forestière ; que l'application rigoureuse du Code a fait disparaître les troupeaux ; et enfin , que l'absence des troupeaux a réduit considérablement la production de viande, au point que les viandes salées de porcs arrivent même d'Amérique sur nos marchés d'Alsace.

A nos yeux , cette dernière considération ne constitue pas un argument très-plausible : non-seulement nous ne voyons point d'inconvénients à ce que le Nouveau-Monde expédie des viandes salées sur les marchés de notre province , mais nous trouvons même , dans ces importations , la réalisation du progrès que nous avons indiqué dans le chapitre précédent, à savoir que chaque zône du continent, voire même du globe, produise les fruits, les céréales et les animaux les plus en rapport avec les aptitudes de son sol, de ses populations et de son climat. L'échange de ces divers produits entre les diverses zônes du globe constitue évidemment le résultat suprême auquel doivent nous conduire les perfectionnements réalisés dans la navigation et les chemins de fer. Toutefois nous éprouvons quelque embarras à découvrir les raisons qui ont pu motiver les mesures de rigueur prises par le Code forestier à l'égard du droit de panage. A ce sujet, il est avant tout nécessaire de mettre en vue une question de zootechnie dont l'administration forestière n'a sans doute pas cru nécessaire de se préoccuper. Elle consiste dans la distinction à faire entre l'élevage du porc et l'engraissement de cet utile animal tel qu'il se pratique chez nos campagnards. Si la stabulation la plus absolue, c'est-à-dire le repos le plus complet et un régime alimentaire des plus abondants sont nécessaires pour faire produire au porc de grandes quantités de graisse et de viande, régime qui, soit dit en passant, est très-exactement observé par nos ménagères alsaciennes qui s'occupent à gorger des oies — il n'en est pas moins vrai que le grand air, le mouvement, la liberté et les rayons du soleil ne soient nécessaires à l'élevage du porc, tout autant qu'à l'élevage du cheval et aux autres animaux domestiques.

L'observation faite par le comice de Wissembourg nous semble donc très-fondée, et le nombre de porcs doit nécessairement diminuer à mesure que les parcours seront supprimés. Ces parcours doivent-ils être maintenus dans les forêts ou sur les terres labourables? C'est là une question dont nous n'avons pas à nous occuper pour le moment. Néanmoins nous croyons devoir exprimer le regret qu'en France le sol forestier continue à être destiné uniquement à la production des bois, tandis que la nouvelle école forestière allemande a parfaitement compris qu'il ne s'agit plus, à l'heure qu'il est, de conserver ce qui existe, mais de faire mieux, et de mettre en concordance l'économie forestière avec les besoins grandissants de la société. A cet effet, qu'il nous soit permis de recommander à nos forestiers les remarquables travaux de M. Ch. Liebich, professeur à l'école forestière à Prague [1], et auxquels nous reviendrons en temps et lieu.

[1] Voy : *Compendium des Waldbaues von C. Liebich, Forstrath. Docent der Forstwissenschaft am Prager polytechnischen Institute.* 1 vol.; prix 12 fr.

IX.

Parmi les derniers événements les plus heureux, il faut
assurément compter le bilan satisfaisant des récoltes de
l'année. Dans cette situation, bien des inquiétudes disparaissent ; bien des douleurs sont soulagées ; bien des
misères épargnées ! Ce n'est donc pas sans une vive
satisfaction que nous avons à constater, sur tout le continent, des récoltes suffisantes pour nous mettre à l'abri
des prix excessifs contre lesquels nous avons eu à lutter
de 1867 à 1868.

Pour établir ce bilan, commençons par dire que dans
la Russie méridionale qui constitue, grâce à une navigation de plus en plus rapide, notre grenier d'abondance,
les quantités de blés récoltées n'ont pas été aussi grandes
que l'année précédente, mais que, par contre, les blés
y sont, comme généralement partout, de qualité excep-
tionnelle. Il en est de même d'un certain nombre de
provinces de l'Italie ; en outre, le maïs, qui joue un rôle
considérable dans les substances alimentaires de ce pays,
y a été d'un rendement extraordinaire. Moins bonnes
sont les nouvelles de la Sicile où, alors que nous avions
à supporter en France des sécheresses et des chaleurs
tropicales, des pluies diluviennes et de nombreux orages
moissonnaient prématurément les champs recouverts d'épis
luxuriants. Du côté opposé, c'est-à-dire dans les régions

du nord, en Prusse, en Saxe, dans le Hanovre, dans la Hesse et même dans le Schleswig-Holstein, les champs de froment ont rendu au-delà de toute attente.

Moins avantageux ont été les résultats obtenus dans l'Allemagne centrale et le long des bords du Rhin : Les plantes légumineuses, les pois, les haricots, les lentilles, etc., sans y faire défaut, ont néanmoins bien souffert de la sécheresse. Dans les terres humides des Pays-Bas, les récoltes de toutes espèces ont été très-abondantes, et même leurs voisins, les fiers enfants d'Albion, n'auront pas à faire retentir, cette année, des cris de détresse et des plaintes de famine qui nous arrivent si souvent de ce côté là.

Dans le nord, dans le sud et l'ouest de l'Amérique, de vastes étendues évaluées, dans des documents officiels, à plus de 36 millions d'acres, ont rapporté de riches récoltes de maïs. En France les départements de l'ouest ont fait des récoltes de froment moyennes ; dans le nord, ces récoltes ont été bien supérieures à une moyenne ordinaire ; dans le sud-est, elles ont été, il faut le dire, moins satisfaisantes ; dans le nord-est elles ont beaucoup varié d'un point à l'autre ; et enfin, dans le centre elles ont été abondantes. En somme, l'année 1868 comptera parmi les plus hâtives. La maturité des récoltes sur pied avait marché avec une telle rapidité que dès le commencement du mois de juillet on avait commencé à couper les blés. Cette précocité avait heureusement permis aux blés nouveaux d'entrer dans la consommation environ un mois plus tôt qu'à l'ordinaire et de mettre fin à la cherté excessive que l'Europe occidentale venait de traverser non sans de douloureux sacrifices.

Mais, si en somme les récoltes de blé ont été bonnes,

il n'en est pas de même de celles des avoines : sur le continent entier elles semblent avoir épié trop tôt et avoir fourni peu de grains. Les plantes fourragères, les foins, les regains, les trèfles, les luzernes, n'ont pas été plus heureuses et sont rares partout, ce qui explique la cherté de la paille dont l'emploi sert partout à combattre la pénurie des fourrages.

Avant de quitter ce coup-d'œil rétrospectif, faisons encore remarquer que les récoltes des pommes de terre ont été excellentes ; que la vigne, après avoir traversé diverses phases très-menaçantes pour l'accomplissement de sa végétation, avait fini par triompher de toutes les adversités météorologiques et que, finalement, son rendement, sans être exceptionnel relativement à la quantité, l'a été néanmoins sous le rapport de la qualité. Toutefois, constatons que le précieux arbrisseau qui nous fournit son jus fortifiant pour réparer nos fatigues, semble être atteint lui-même, dans les départements du sud-est, d'une maladie inconnue jusqu'ici, que cette maladie a été l'objet de nombreux rapports émanant de sociétés savantes et auxquels nous ne manquerons pas de consacrer ici un chapitre spécial. Constatons encore, non sans regrets, que la Suisse, déjà si rudement éprouvée par des inondations, a été moins bien partagée dans la répartition des récoltes et que l'on estime à plus de 30 millions de francs les importations de céréales qu'elle sera obligée de faire de 1868 à 1869.

Après cette revue rapide et générale des récoltes, il nous incombe de nous occuper plus particulièrement de celles faites en Alsace. La tâche sera d'autant plus facile qu'un de nos compatriotes, collaborateur zélé du *Journal de l'Agriculture*, inscrit, régulièrement tous les mois, dans cette feuille l'état des récoltes ainsi que des observations météorologiques pleines d'intérêt.

En effet, dans des notes publiées dans le journal précité et rédigées en fort bons termes par M. l'abbé Müller, le savant et modeste curé d'Ichtratzheim (Bas-Rhin), nous voyons que le 31 mars 1868 les abricotiers étaient en fleur en Alsace ; les pêchers fleurirent à leur tour le 6 avril. L'arrivée des hirondelles eut lieu le 7 avril, tandis qu'elle s'était effectuée le 31 mars l'année précédente. Le 17 avril, les pruniers de mirabelle et de reine-claude étaient entrés en floraison, le 19, le rossignol fit entendre, pour la première fois, son chant mélodieux et enfin, dès le commencement du mois de mai, la vigne développa des feuilles verdoyantes et la caille donnait, selon l'expression de Buffon, de sa voix sonore.

Dans une note datée du 8 juin, nous voyons que la lune rousse avait succombé dans sa lutte périodique avec le soleil printannier ; que la végétation avait fait des pas de géant, que la floraison de la vigne a été près d'un mois en avance sur les années ordinaires, et enfin, nous y trouvons cette observation fort curieuse au sujet des hannetons dont il a été question dans l'article précédent, que ces coléoptères destructeurs, grâce à une forêt voisine d'Ichtratzheim, avaient épargné les vergers et les vignes, en se jetant avidement sur les chênes peuplant la forêt qu'ils dépouillèrent complètement de leurs feuilles, de telle façon que les arbres se dressèrent vers le ciel dans leur costume hivernal. Ce ne sont donc pas, comme le prétendent certains forestiers, les lisières des forêts que les hannetons choisissent plus particulièrement pour y opérer leurs ravages, et un bouquet de chênes semblerait pouvoir servir tout aussi bien de piège, pour prendre le hanneton et sa larve, que le moyen proposé récemment à la *Société centrale et impériale des agriculteurs de France*, consistant en une bande de terre, large de quelques mètres, contournant les forêts, fumée copieusement, et ensemencée de plantes recherchées par les redoutables insectes.

Dans une note du mois de juillet, M. l'abbé Muller écrit que le 16 du même mois la récolte des blés était presque achevée dans le Palatinat, dans la basse Alsace, sur les frontières prussiennes et était fort avancée dans la Lorraine allemande. La récolte de l'orge avait commencé le 4 déjà; mais, à cette époque le tabac avait à peine atteint la moitié de sa hauteur. Enfin, par une autre note datée du 7 novembre, nous apprenons que la quantité d'eau météorique tombée pendant le mois d'octobre, après une longue sécheresse, a été de 120 mil. 3, quantité relativement énorme et qui n'a été dépassée qu'en octobre 1841.

Nous regrettons vivement de ne pas pouvoir reproduire les nombreuses et si intéressantes notes du savant observateur d'Ichtratzheim, mais nous nous proposons bien de les suivre très-attentivement pendant l'année dans laquelle nous entrons, et de les communiquer successivement et en substance à nos lecteurs.

Ne terminons pas, toutefois, sans faire remarquer qu'au commencement du mois d'avril dernier, il a été question dans toutes les feuilles périodiques d'un pronostic fatal, de taches dont le soleil était criblé au commencement de l'année et qui devaient indiquer, suivant les observations faites par Herschell et par Arago, une grande rareté de blés! — La science de la météorologie, la plus belle, la plus utile, mais aussi la plus jeune et la plus inexpérimentée a donc échoué une fois de plus, d'où l'on peut conclure que beaucoup d'eau coulera encore sous le moulin avant qu'elle parvienne à établir, d'une manière définitive, le Code des lois naturelles de l'univers.

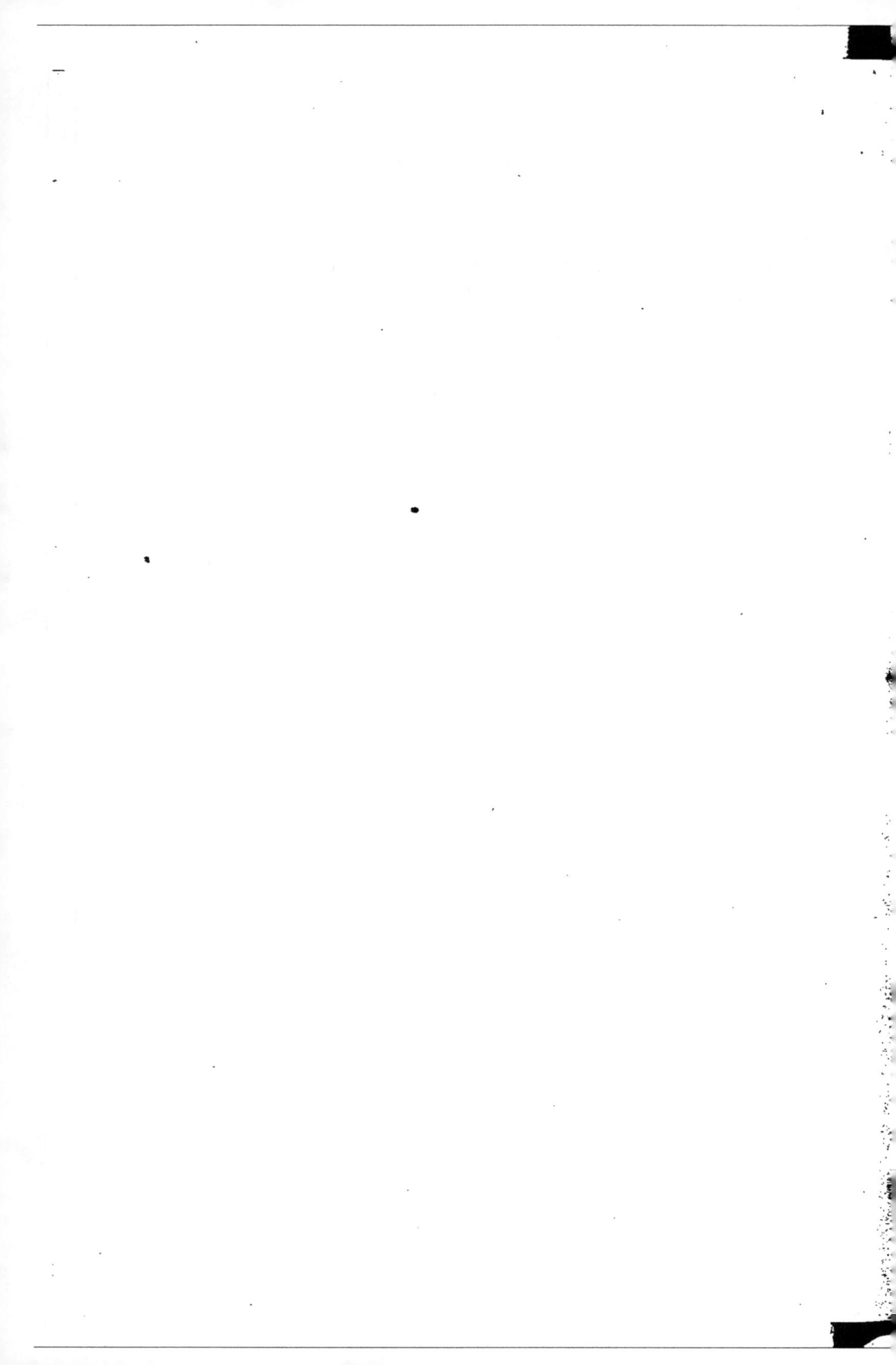

43

1869

—

X.

Ce n'est pas sans tressaillir à la fois de crainte et
d'espérance que la France agricole vient d'entrer dans
l'année 1869 : Les dernières années ont été fécondes en
événements et en incidents importants , dont les populations campagnardes surtout attendent, avec une impa-
tience légitime mais anxieuse, les résultats définitifs.
Les juges suprêmes, qui seront désignés, dans le courant
de cette année, par les suffrages de la nation, sauront-ils
apprécier les efforts et les pénibles travaux de l'homme
des champs ? Sauront-ils maintenir la paix du monde
et établir sur des bases solides et équitables les réformes
imposées à la société par le développement incessant des
sciences, des arts et des industries ?

Telles sont les questions brûlantes qui préoccupent les
esprits. Le temps et la patience seuls nous en appor-
teront la solution. En attendant ne soyons pas téméraire
en empiétant sur l'avenir et bornons-nous à constater
ici les résultats obtenus jusqu'à ce jour.

Parmi ces résultats comptons, en première ligne, la

fondation de la *Société des agriculteurs de France*. Présidée par M. Drouyn de Lhuys, sénateur, cette Société, à peine née, compte déjà plus de quinze cents membres qui, de tous les départements de l'empire, lui ont fait parvenir leurs adhésions. A l'heure qu'il est, la Société dispose d'un capital s'élevant à environ 130,000 fr., dont l'emploi a fait l'objet de controverses ardentes lors des premières réunions qui ont eu lieu à Paris du 16 au 23 décembre dernier, réunions dont le but principal a été la nomination des présidents, vices-présidents, secrétaires et conseillers des dix sections qui se partageront les nombreux travaux de la savante et laborieuse compagnie.

En second lieu, nous avons à constater la formation du *grand parti de l'agriculture !* — Nos lecteurs se demanderont sans doute ce que c'est que ce grand parti ? — Est-il légitimiste ? — Orléaniste ? — Impérialiste ? Est-il progressiste ou réactionnaire ? — Il faut bien qu'il ait arboré une couleur quelconque pour se donner le nom de *parti*. — Avouons, en toute humilité, que nous ne saurions répondre à ces questions, mais que, suivant M. Louis Hervé, rédacteur en chef de la *Gazette des campagnes*, ce parti est essentiellement militant, il se frayera son chemin en ouvrant de larges brèches dans les positions qu'occupent la politique officielle et la politique des partis ; il combattra énergiquement, d'une part, l'armée des fonctionnaires, de l'autre, la grosse presse de Paris, et enfin, il se dotera lui-même d'une presse absolument nouvelle pour mener ses affaires au but que lui assigne l'état présent du monde politique et du monde rural. Aussi, M. Louis Hervé a-t-il été le premier à s'armer de pied en cap, à tailler sa plume avec

un instrument à deux tranchants, et à lancer dans les
quatre points cardinaux de la France un grand journal
politico-rural. N'oublions pas d'ajouter que M. Hervé
n'est pas resté isolé dans son entreprise et que son grand
journal est publié avec le concours et sous les auspices
de MM. Decrombecque, grand prix de l'Exposition universelle; Léonce de Lavergne, le marquis d'Andelarre,
député; de Tillancourt, député; Géliot, député; vicomte
de Toqueville, Raudot, ancien représentant; Calemard
de la Fayette; Charles de Ribbes; le marquis de
Leusse; etc., etc.

Le grand parti dont il est question semble donc être
composé d'éléments divers mais dont néanmoins les
vaillants champions sont d'accord pour propager dans
les campagnes des feuilles périodiques dont la modicité
du prix permettra de faire connaître aux électeurs les
progrès de l'art agricole, en même temps que leurs
droits et leurs devoirs politiques.

A ce point de vue, l'Alsace, sans s'en douter peut être,
n'est pas restée en arrière de ce mouvement : Les dernières années ont vu surgir, en effet, un grand nombre
de feuilles hebdomadaires dans notre province, et presque
chaque chef-lieu de canton, si petit qu'il soit, se glorifie
aujourd'hui d'avoir sa presse locale. Enfin la *bibliothèque
alsacienne* de Strasbourg; le *Elsässisches Volksblatt* de
Mulhouse ; le *Elsässischer Volksbote* de Rixheim; le
Volksfreund du Bas-Rhin et les bulletins de la *Ligue de
l'enseignement* édités dans le petit village de Beblenheim,
sont venus, en dernier lieu, frapper aux portes des campagnards. Animés de tendances bien différentes, il est
vrai, tous ces nouveaux représentants de la presse ne
poursuivent pas moins le même but, celui de faire jaillir

la vérité du choc des opinions et d'élever, peu à peu, l'esprit de l'homme des champs à l'intelligence pratique des affaires communales, départementales et nationales, condition essentielle pour ceux qui sont appelés à déposer leurs votes dans l'urne du suffrage universel.

Mais laissons là le grand parti de l'agriculture et constatons encore, pour compléter ce rapide compte-rendu de la situation au commencement de 1869, qu'à la suite de la mort si regrettable de M. Monny de Mornay, la direction officielle des intérêts généraux de l'agriculture a passé entre les mains de l'honorable M. Lefebvre de Sainte-Marie, inspecteur général depuis 1841 ; que M. Lefebvre sera secondé dans ses nouvelles fonctions par M. Porlier qui prend désormais le titre de sous-directeur et enfin, que M. Lefebvre de Sainte-Marie succède également à M. Monny de Mornay comme commissaire général de l'enquête agricole.

Nous ne terminerons pas ces lignes sans dire un mot du projet de code rural. Hérissé d'innombrables difficultés, ce code est en travail depuis le siècle dernier sans pouvoir arriver à terme. En 1791 déjà, la question fut soulevée pour la première fois et Merlin déclarait alors que la rédaction d'un code serait une entreprise vaine et insensée. L'assemblée se rangea à cet avis. En 1803, en 1808, en 1814 on y est revenu et on y a rencontré les mêmes difficultés. En 1834, une nouvelle commission, composée de membres des deux chambres, de magistrats et de membres du conseil général d'agriculture, fut nommée et chargée d'élaborer le code ; mais, hélas ! tous les efforts des savants légistes et agronomes échouèrent de nouveau devant l'ardu problème, et finalement, la commission proposa de remplacer le code par des *lois spéciales* rendues au fur et à mesure que les questions arriveraient à maturité. C'est ainsi qu'ont été rendues successivement les lois de 1836 sur les chemins vicinaux, celles de 1838 sur les vices redhibitoires, puis les lois sur la chasse, sur les irrigations, sur le drainage, etc. Enfin, il y a douze ans, le Sénat a demandé, à son tour, le code dont la première partie, relative au régime du sol, fait aujourd'hui l'objet de critiques si véhémentes et si contradictoires qu'il semble décidémment impossible de mener l'entreprise à bonne fin. En effet, bien difficile nous semble le projet de faire des lois générales sur des questions dont la nature, l'importance et l'application varient non-seulement de département à département, mais de village à village suivant les climats et les cultures, et même suivant les mœurs, les usages et les habitudes des populations.

XI.

SOMMAIRE. — Les rapports du Jury international sur l'Exposition universelle do 1867. — Les progrès des sciences appliquées et le millésime de 1789. — Hommage rendu par M. Eugène Tisserand, chef de la division des établissements agricoles de la Liste civile, à M. Schattenmann, de Bouxwiller.

Dans notre dernière *revue*, nous avons indiqué très-sommairement les principaux faits qui se sont accomplis dans le courant de l'année 1868. Disons également quelques mots des publications scientifiques les plus importantes qui ont paru, à la même époque, dans le monde agricole.

A la tête de ces publications il faut placer assurément

les treize magnifiques volumes renfermant les rapports
faits par le Jury international lors de l'Exposition universelle de 1867. Cette publication magistrale a été dirigée
par M. Michel Chevalier, et plus de deux cent cinquante
collaborateurs ont contribué à mener à bonne fin cette
laborieuse et difficile entreprise. Les tomes VI, XI et
XII renferment les rapports sur l'agriculture, l'horticulture et les diverses et nombreuses industries qui s'y rattachent. C'est le douzième volume, qui s'occupe plus
spécialement de l'agriculture proprement dite, qui fera
aujourd'hui l'objet de notre attention. Dans ce volume
nous trouvons tout d'abord des considérations générales
de M. Eugène Tisserand sur l'agriculture, sur ses progrès
et ses besoins. Nous y voyons ensuite deux rapports sur
les machines agricoles écrits par M. S.-A. Grandvoinnet,
professeur de génie rural à l'école de Grignon, et M. Au-
reliano, membre du Jury pour les principautés danu-
biennes. Puis d'autres rapports sur les constructions
rustiques par M. Albert Le Play, secrétaire de la commission consultative de l'Exposition ; de M. Lesage,
membre de la même commission ; et de M. Grateau,
ingénieur des mines, qui s'occupe principalement des
moyens employés au desséchement des lacs.

Une deuxième série de rapports est consacrée aux
chevaux, mulets, ânes et chameaux. MM. Rouy, chef de
division à l'administration des haras, et Basile de Koptet,
conseiller d'Etat de S. M. l'Empereur de Russie, y passent
en revue les races chevalines étrangères et indigènes.
M. Ed. Prilleux y émet des appréciations sur les mulets,
ânes et chameaux, et M. Henry Bouley y fait l'historique
de la maréchalerie.

Une troisième série est toute entière consacrée à l'éco-

nomie du bétail. M. André Sanson, rédacteur en chef de
la *Culture*, y résume ses laborieuses et savantes études
sur l'espèce bovine ; M. Magne s'y occupe des espèces
ovines et caprines ; M. L. Laverrière, qui n'est pas
étranger à l'Alsace et qui a publié un excellent compte-
rendu sur le dernier concours régional à Colmar, y
cherche à réhabiliter les lapins dans l'économie domes-
tique ; M. Florent-Prévost, membre de la Société impériale et centrale d'agriculture de France, y passe en
revue les oiseaux de basse-cour exposés au Champ-de-
Mars ; M. Pierre Pichot y fait de même pour les races
canines, et M. Reynal, professeur de l'Ecole vétérinaire
d'Alfort, y expose des observations fort judicieuses sur
l'espèce porcine, observations auxquelles nous aurons
à revenir prochainement.

Ces trois séries de rapports sont suivies par d'autres
rapports sur la sériciculture rédigés par MM. Emile Blan-
chard et de Quatrefage ; sur les aquariums et la piscicul-
ture maritime par M. de Chambaux ; sur les serres et
le matériel de l'horticulture par MM. Bouchard-Huzard et
J. Darcel ; sur les plantes d'ornement et de pleine-terre,
par M. Verlot ; sur les plantes potagères, par M. Courtois-
Gérard ; sur les arbres fruitiers, par M. A. de Galbert ;
sur la viticulture, par M. le docteur Guyot ; sur les procédés divers de repeuplement des forêts, par MM. F.
Moreau et E. de Gayffier, et, finalement, par un rapport
sur les plantes de serres par M. Ed. Morren. Parmi ces
nombreux rapports, les plus étendus et les plus complets
sont peut-être ceux de MM. E. Tisserand, J.-A. Grandvoinnet, A. Sanson et J. Guyot. Entreprendre l'analyse
de l'un ou de l'autre de ces écrits serait assurément tenter
un labeur que ne comporte pas le cadre de cette *revue*.

7

Toutefois, l'intérêt qui s'attache aux considérations générales sur l'agriculture émises par M. E. Tisserand est
trop palpitant pour ne pas nous arrêter un moment.
D'ailleurs, nous nous y arrêtons d'autant plus volontiers
que l'Alsace est reconnaissante au savant agronome qui,
en sa qualité de commissaire général, a recueilli, lors de
l'enquête, avec autant de courtoisie que de bienveillance,
les observations et les doléances qui lui ont été présentées
par les agriculteurs de notre province.

M. E. Tisserand met d'abord en relief l'influence
exercée sur l'état social par les sciences appliquées.
« Les chemins de fer, dit-il, couvrent aujourd'hui la
surface de l'Europe et convient les peuples à la grande
vie de relation. Les routes, les chemins et canaux ont
été améliorés et se sont multipliés au point de rendre
les centres de consommation accessibles aux régions les
plus reculées. Les progrès accomplis dans la navigation
appellent sur chaque marché les denrées de pays qui, il y
a quelques années, nous étaient encore presque inconnus.
Enfin, les traités de commerce, en supprimant les barrières élevées aux limites de chaque Etat, ont mis en
présence les producteurs et les consommateurs de tous
les points du globe. A la faveur de ces immenses change-
ments, l'industrie a pris le développement qu'attestent
la puissance des machines et la splendeur des produits
accumulés dans les galeries de l'Exposition universelle. »

Ce sont là des faits et des vérités que nous recommandons à la méditation des esprits passionnés qui accusent
la société d'avoir rétrogradé au delà du millésime de
1789 ; millésime auquel d'ailleurs nous conservons toute
l'estime qu'il mérite à si bon droit.

M. E. Tisserand consacre ensuite plusieurs pages à

l'étude des salaires élevés, exigés par les ouvriers agricoles. Il examine les diverses phases par lesquelles ont passé l'industrie et l'agriculture ; il constate que les contrées où l'agriculture prospère le plus sont celles où l'industrie a pris le plus grand essor, et enfin, il cite des observations statistiques qui démontrent qu'aussitôt que dans un pays on voit s'accroître la population et le bien-être, la proportion des cultivateurs décroît, tandis que celle des commerçants et industriels augmente : En France la moitié de la population est occupée aux travaux des champs ; en Angleterre, la classe rurale n'est que de 20 pour 100 ; en Belgique, elle s'élève à 40 ou 45 pour 100 ; en Saxe elle descend à 28 pour 100, et aux Etats-Unis elle atteint à peine 10 pour 100. M. Tisserand conclut de ces chiffres que la valeur des produits agricoles n'est pas la plus élevée là où le nombre des cultivateurs est le plus grand : l'Angleterre, la Belgique et la Saxe produisent plus que la France, et la France, à son tour, produit beaucoup plus que l'Italie, l'Espagne et l'Allemagne.

M. E. Tisserand s'occupe ensuite de la nécessité de propager les machines agricoles ; de la variation du prix des terres et des denrées ; de la loi de restitution dont nous avons parlé récemment à propos de l'endiguement des fleuves ; il signale les grands travaux exécutés sur les domaines de la couronne et termine en citant un certain nombre d'agriculteurs, qui ont le plus contribué aux progrès agricoles.

Parmi ces agriculteurs nous retrouvons avec plaisir notre vénérable compatriote, M. Schattenmann. « Les quatre-vingt cinq ans d'âge, dit M. E. Tisserand, ne lui ont rien enlevé de son activité prodigieuse, et, dès qu'il

s'agit du bien public , on le trouve toujours au premier
rang. »

Espérons que les lignes qui précèdent, bien qu'insuffisantes pour faire ressortir la haute valeur scientifique
du livre qui vient de nous occuper, suffiront néanmoins
pour le signaler à l'attention des agronomes des départements du Rhin.

XII.

SommAIRE. — Les dernières crûes du Rhin et de l'Ill. — Observations soumises au *Courrier du Bas-Rhin*. — Doléances
adressées aux préfets du Haut-Rbin. — Les bulletins de la
Société des sciences, agriculture et arts du Bas-Rhin. — Grand
prix remporté par M. Oppermann. — Les bulletins de la
Société departementale d'agriculture du Haut-Rhin. — La
Société des vétérinaires et les comices d'Alsace.

Après avoir signalé les événements les plus saillants ,
et rendu brièvement compte des écrits les plus importants de l'année , notre devoir de chroniqueur alsacien
nous oblige de dire un mot des travaux réalisés par nos
sociétés d'agriculture, des tendances qui les animent, et
de l'influence qu'elles exercent dans leur sphère d'application.

Mais, avant d'essayer de faire des appréciations dont
nous ne saurions nous dissimuler les difficultés, nous sou-
mettrons quelques observations au sujet des dernières
crûes du Rhin et de l'Ill, à l'honorable vétéran du jour-
nalisme de notre province, le *Courrier du Bas-Rhin*.

« Les oscillations de l'Ill, disait le *Courrier* du 9 janvier dernier, continuent ; la rivière baisse et monte alter-
nativement, mais se maintient toujours au-dessus de son

niveau habituel... Les variations de nos cours d'eau ont quelque chose d'assez bizarre depuis quelque temps. Le Rhin était bas, alors que les affluents étaient très-élevés, et voici le Rhin qui monte tandis que les affluents sont en baisse. »

Pour s'expliquer ces oscillations, il suffit, pensons-nous, de se figurer des pluies abondantes tombées simultanément sur toute la zône située entre les Vosges et les Alpes. Dans ce cas, les cours d'eaux, grands et petits, descendront rapidement des versants de nos montagnes et n'auront qu'un trajet de 15 à 20 lieues à parcourir pour arriver au chef-lieu du Bas-Rhin, tandis que les eaux, venant des montagnes de la Suisse, auront à franchir une distance de 40 à 60 lieues. Si les pluies n'ont pas été de longue durée, les eaux de l'Ill seront naturellement écoulées en aval de Strasbourg au moment où les eaux du Rhin y feront leur entrée. Toutes les pluies, non continues et tombées sur la même zône, produiront le même effet. Il n'en sera pas ainsi lorsque les pluies se propagent du sud au nord ; dans ce dernier cas les eaux helvétiques arriveront, en même temps que celles de l'Ill, à leur point de jonction en amont de Strasbourg.

Les eaux de l'Ill et du Rhin débouchant en même temps dans le Bas-Rhin y occasionnent, depuis des siècles, des désastres d'autant plus considérables qu'elles s'y précipitent à l'improviste. Et pourtant rien ne serait plus facile aujourd'hui que de prévoir ces débordements et d'en prévenir à temps les populations : On sait que les eaux ne font que 2, 3, tout au plus 4 kilomètres à l'heure, tandis que sur les chemins ferrés l'homme parcourt, dans le même espace de temps, 12 à 20 kilomètres et que le message électrique en franchit une quantité prodigieuse avec la rapitité de l'éclair. Or, à l'aide de correspondants spéciaux placés aux affluents les plus importants du Rhin et de l'Ill, les administrations départementales chargées de veiller à la sécurité des habitants, seraient à même de prendre à l'avance toutes les mesures possibles pour diminuer les dangers.

A un autre point de vue, cette question n'est pas non plus sans importance : En effet, au moment même où les populations urbaines agglomérées sur les rives de l'Ill élevent des barrières bien souvent insuffisantes pour se garantir contre ses flots courroucés et grossis par les pluies, les populations rurales se disputent, goutte par goutte, les riches engrais que ces flots charrient en abondance. Entre Colmar et Schlestadt, par exemple, s'étendent de vaste prairies qui, cinq fois sur six, sont torréfiées par le soleil de l'été ; tandis qu'au milieu d'elles, l'Ill, tantôt paresseuse et nonchalante, tantôt grossie et irritée, s'écoule et emporte au loin ses matières fécondantes.

A diverses reprises déjà, ce regrettable état de choses a été signalé aux prédécesseurs du premier magistrat du département, sans aboutir jusqu'ici à un résultat satisfaisant. Qu'il nous soit donc permis de renouveler ici ces doléances : La direction éclairée, la sollicitude pour ses administrés, et l'activité de l'honorable Préfet du Haut-Rhin, nous engagent d'ailleurs à le faire.

Il est inutile, sans doute, d'ajouter que l'Ill, pouvant se déverser, se diviser et se partager sur les vastes plaines dont nous venons de parler, le danger sera moindre, lors de ses crûes, pour les populations du Bas-Rhin, en même temps qu'elle répandra la fertilité et l'abondance chez les populations plus rapprochées de ses affluents.

Ces observations faites, nous reprenons notre revue rétrospective.

A tout seigneur, tout honneur ! — Commençons donc par dire un mot des bulletins publiés par la savante *Société des sciences, agriculture et arts* du Bas-Rhin. Ces bulletins sont d'autant plus précieux qu'ils ne renferment que des œuvres inédites consacrées exclusivement à des questions qui intéressent directement et spécialement l'agriculture de notre province. Outre les comptes-rendus fort bien faits des séances de la Société, ces bulletins contiennent des rapports sur des questions mises à l'ordre du jour, ainsi que le texte des mémoires qu'elle a couronnés lors de ses concours annuels. Disons toutefois et bien à regret, que ces bulletins ne sont publiés qu'à de longs intervalles, qu'ils ne se trouvent pas dans le commerce de la librairie et que nous n'en avons jamais vu d'exemplaires entre les mains des agriculteurs du pays. Il s'ensuit naturellement que ces bulletins ne contribuent guère à propager dans les campagnes les travaux et les fruits des laborieuses investigations de la Société. Consultée en maintes circonstances par le premier magistrat du département, cette Société semble plutôt constituer une chambre consultative d'agriculture qu'une société de propagation des progrès agricoles.

Dans sa dernière séance solennelle qui a eu lieu le 27 décembre dernier, cette société a décerné le grand prix de 700 fr. dont nous avons parlé au début même de cette *revue*, à M. Eugène Oppermann. Ce n'était pas la première couronne que remportait le lauréat : Homme de science tout autant que de pratique, économiste et agriculteur à la fois, M. Oppermann avait déjà obtenu le

premier prix en 1858. La question alors mise au concours
était ainsi conçue. « *Quels ont été, en Alsace, les progrès
de l'agriculture depuis 1789.* » Le mémoire couronné
alors et cité depuis par M. L. de Lavergne dans son beau
travail sur *l'Economie rurale de la France*, ainsi que la
Description du Bas-Rhin [1] dont M. Oppermann fut chargé
en 1861 par M. Migneret, préfet du Bas-Rhin, ont dû
nécessairement lui servir de travaux préparatoires pour
répondre en parfaite connaissance de cause aux nombreuses questions mises au concours en 1868.

Dans le Haut-Rhin nous trouvons d'autres bulletins
publiés périodiquement par la *Société départementale
d'agriculture*. Moins spéciaux que ceux du Bas-Rhin, ces
bulletins forment un excellent recueil de nombreux
articles empruntés aux journaux de la France et de
l'étranger. La *Société départementale d'agriculture* est
composée d'environ 75 membres disséminés dans le
département, et 42 communes sont abonnées à ses bulletins au prix de 15 fr. par an. Ce nombre de membres
et d'abonnés est bien petit quand on songe que chez nos
voisins, dans le grand duché de Bade, la *Société centrale
d'agriculture* est composée de 14,000 membres qui reçoivent au prix de 1 fr. 30 centimes par an, un journal
hebdomadaire dont chaque numéro est composé d'une
feuille in-4° de 8 pages. D'un autre côté, il faut bien le
dire, nous avons recherché en vain dans les bulletins
publiés en 1868 quelques indices des travaux de la société. Nous n'y trouvons d'autres compte-rendus et rapports que ceux qui ont été publiés par les divers journaux
de la province lors des concours agricoles organisés par

[1] Voy.: *Description du Bas-Rhin*, 2e section. Exploitation
directe du sel, par M. E. Oppermann et F. de Dartein.

les comices. N'ayant pas l'honneur de compter parmi les
membres de cette société, nous nous trouvons dans
l'impossibilité de signaler ses travaux et nous devons
nous borner à en constater l'existence, à signaler la publication de ses bulletins.

A part ces deux sociétés, l'Alsace en possède une
troisième qui, sans être spécialement agricole n'en est
pas moins appelée à rendre de très-grands services à nos
campagnards. Nous voulons parler de la société qui
réunit les vétérinaires des deux départements. Cette
société, à peine créée, a déjà publié une série de bulletins
fort instructifs pour le cultivateur, pour l'éleveur surtout.
Sa fondation, ses travaux, ses tendances ont été décrits
dans la *Revue d'Alsace* qui, soit dit en passant, veut bien
nous compter parmi ses vieux amis, et à laquelle nous
renvoyons ceux de nos lecteurs qui s'intéressent plus
particulièrement à cette laborieuse société.

Complétons maintenant ces renseignements que nous
avons recueillis sur la situation agricole en Alsace, en
disant que le Bas-Rhin possède quatre comices : ceux de
Strasbourg, de Wissembourg, de Saverne et de Schlestadt.
Le Haut-Rhin en possède cinq : ceux de Mulhouse, de
Colmar, de Ribeauvillé, de Cernay et de Belfort. Ces comices, animés généralement d'un vif zèle et d'une remarquable activité, n'agissent toutefois que dans des
sphères plus ou moins restreintes. A part celui de Mulhouse, ils n'ont ni bulletins, ni lien quelconque servant
à enregistrer et à se communiquer réciproquement leurs
observations, leurs travaux, leurs études et leurs expériences. C'est là une lacune que nous déplorons et dont
nous indiquerons les inconvénients dans le chapitre suivant.

8

XIII.

Pour démontrer les inconvénients qui résultent de
l'absence d'une solidarité quelconque dans les travaux
de nos sociétés d'agriculture, il suffit de jeter les regards
sur le mouvement agricole chez nos plus proches voisins
d'outre-Rhin : Il n'y a peut-être point de pays en Europe,
dit M. Asher [1], qui frappe par sa prospérité agricole, autant que le duché de Bade, l'étranger qui le visite. Tout
le monde compare notre duché à un vaste jardin, et, en
effet, pour se convaincre de l'exactitude de cette comparaison, on n'a qu'à jeter un coup-d'œil rapide sur nos
campagnes en les traversant sur les voies ferrées. Les
méthodes culturales perfectionnées y sont avidement
recherchées par ses habitants et partout on y rencontre
l'ordre et la propreté. Ces qualités se retrouvent non-
seulement dans les villages situés dans les plaines, mais
même dans ceux disséminés jusqu'au haut des montagnes.
Les mendiants qui n'y étaient pas très-rares il y a dix
ans ont presque entièrement disparu, sauf un petit
nombre dont il faut mettre la persistance sur le compte

[1] Nous empruntons une partie de ces renseignements sur l'agriculture du duché de Bade à un article publié dans le *Journal de
l'agriculture* du 5 août 1868 par M. Asher, agronome et docteur
en droit à Heidelberg. Nous remercions ici M. Asher des renseignements qu'il a bien voulu nous donner directement.

de la générosité des nombreux touristes qui visitent notre pays en été.

Suivant M. Asher, le mouvement agricole qui se manifeste dans le duché de Bade par une prospérité toujours croissante, ressemble moins à celui de la France, de l'Angleterre et de la Prusse, qu'à celui de la Suisse et de la Belgique. Le pays de Bade, dit-il, est essentiellement un pays de petite culture : les fermes de plus de 20 hectares y sont peu nombreuses et la plupart des exploitations n'excèdent guère 5 à 6 hectares. Contrairement aux autres pays où il y a, au ministère, un personnage qui dirige seul les intérêts généraux de l'agriculture, où il y a des comices, des chimistes salariés par l'Etat, des expositions et des concours, le gouvernement du pays de Bade s'est mis en rapport direct et intime avec les agriculteurs, et les chefs du département agricole se présentent personnellement partout où leur présence peut être utile. D'un abord très-facile pour tout agriculteur, ces chefs ont tous l'occasion de se rendre parfaitement compte des besoins réels ; et toutes les lois proposées par le gouvernement, toutes les mesures administratives en faveur de l'agriculture, se ressentent de cette parfaite connaissance des mœurs, des usages et des besoins du pays.

D'ailleurs, en donnant un grand centre aux diverses associations cantonales et locales, le gouvernement est parvenu depuis longtemps à en former un seul corps dont chaque membre reçoit — nous l'avons fait remarquer dans le chapitre précédent — un *Journal officiel* au prix minime de 1 fr. 30 c. par an. Outre la publication de ce journal, le gouvernement s'est encore chargé de « servir d'intermédiaire entre les vendeurs et les acheteurs de bien-fonds. » Il se fait envoyer, par les fabricants d'engrais, des spécimens de leurs produits et rend officiellement compte des expériences chimiques faites sur ces produits. Il en agit de même avec le plâtre, dont le prix et la valeur agricole varient considérablement, et enfin il saisit toutes les occasions pour placer ses moyens chimiques et tous ses autres moyens d'essais au service des agriculteurs. Pour apprécier tous les bienfaits de cette sollicitude, il faut, dit M. Asher, se rendre compte de la connaissance locale que le gouvernement possède de toutes les parties du territoire. Lorsqu'une demande quelconque lui est présentée par un abonné du *Journal officiel*, il en saisit toute la portée, et la demande ainsi que la réponse sont reproduites dans la feuille en question. C'est ainsi que le gouvernement est devenu à la fois l'ami et le conseiller perpétuel de tous ceux qui s'adressent à lui ; et le *Journal officiel* forme aujourd'hui un recueil très-précieux de questions théoriques et pratiques.

Mais là ne se bornent pas, dit encore M. Asher, les rapports entre le gouvernement et les agriculteurs : les nombreuses assemblées agricoles qui ont lieu annuellement offrent aux agriculteurs l'occasion de contracter des relations souvent fort utiles. Dans ces réunions le langage des représentants du gouvernement est d'une grande affabilité qui s'accroît encore lors des dîners qui, ici comme ailleurs, suivent les discours publics. D'ailleurs, une assemblée de ce genre présente un curieux coup-d'œil. Les agriculteurs qui se pressent sur les bancs sont de véritables paysans aux mains calleuses et aux figures durcies par le travail. Toutefois, on ne voit plus aujourd'hui sur ces figures l'expression traditionelle du petit paysan, c'est-à-dire celle de l'obstination, du mépris pour tout ce qui est nouveau, du préjugé et de l'égoïsme. Accoutumés peu à peu à considérer les occupations aux points de vue économique et commercial, les cultivateurs suivent, au contraire, avec beaucoup d'intérêt les exposés qui leur sont faits par ceux qui ont l'habitude de la parole et qui, par leurs connaissances, sont autorisés à la prendre. Très-souvent, ajoute M. Asher, les agriculteurs prennent eux-mêmes la parole et s'expriment généralement avec beaucoup de clarté et de bons sens.

Assurément, on ne peut qu'être frappé des avantages éminemments pratiques qui résultent, chez nos voisins, du concours prêté par le gouvernement aux choses de l'agriculture, concours d'autant plus efficace qu'il est basé sur un échange d'idées, en même temps qu'il est éclairé par des renseignements précis et positifs recueillis sur les lieux mêmes des exploitations rurales du pays. Toutefois, disons-le tout de suite, en France, une participation si minutieuse de la part du gouvernement, une intervention si directe, une ingérence si étendue seraient, d'une part, contraire à l'esprit public, et, d'autre part, rencontreraient des obstacles matériels qui empêcheraient complètement la réalisation d'un concours de cette nature.

En effet, l'esprit public qui autrefois, sous l'empire d'une habitude séculaire, demandait en France toute initiative au gouvernement, a passé, dans ces derniers temps peut-être d'un extrême à l'autre, et manifeste aujourd'hui une telle prévention contre le concours de l'Etat que toutes ses aspirations ne tendent plus qu'à s'en affranchir complètement.

D'un autre côté, les conditions dans lesquelles sont placés nos voisins du duché de Baden ne ressemblent en rien à celles qui nous entourent : la grande variété des

cultures, des sols, des climats, des mœurs qui caractérise un grand pays comme la France, ne permet pas
de créer une centralisation dont l'action s'étendrait à
toutes ses provinces. Néanmoins, il ne faut pas se dissimuler qu'une situation dans laquelle domine une trop
grande division des forces vitales du pays, et où il n'existe
point de lien ou de direction quelconque reliant les intérêts épars, ne saurait être de nature à développer et
à propager les améliorations agricoles. On s'aperçoit,
par exemple, facilement des suites fâcheuses de l'absence complète d'une action spéciale et centrale, en par-
courant les campagnes en Alsace : nous y voyons les irrigations livrées aux particuliers et les prairies ainsi devenir le théâtre de rixes regrettables et souvent san-
glantes ; nous y voyons les justices de paix encombrées
les jours d'audiences ; et les constructions, renfermant
les récoltes, édifiées dans des conditions si peu conve-
nables qu'il suffit d'une étincelle pour plonger de nombreuses familles dans la désolation et la misère. Nous y
voyons des passerelles dangereuses jetées sur des torrents
impétueux et dont l'existence n'est expliquée que par la
négligence. Nous y trouvons des chemins d'exploitation
sur lesquels les attelages sont brisées régulièrement au
moment de la fenaison ; nous y voyons des abattoirs établis en face des Ecoles et des Eglises, infectant les rues
et servant à la jeunesse d'un divertissement odieux. Nous
y voyons, le plus souvent, les reproducteurs mâles du
gros bétail abandonnés à des entrepreneurs rapaces, et
des Bohémiens, des mendiants et des vanniers ambulants
y dévaster les champs à l'abri de la nuit ; enfin, c'est à
peine si le touriste, qui vient visiter nos sites pitto-
resques des Vosges, y trouve un gîte convenable.

Sans doute, nos administrateurs départementaux, animés du désir de modifier cet état de choses, ont rendu, dans ce but, bon nombre d'arrêtés, mais dont l'exécution échoue presque toujours devant les préjugés de ceux même dans l'intérêt desquels ils sont faits. Mais, hâtons-nous de dire que c'est là le revers de la médaille et que, d'un autre côté, nous y trouvons bien des progrès accomplis. L'impulsion donnée par le chef de l'Etat, la création de nombreux comices, l'institution des concours régionaux, les cours gratuits d'arboriculture et d'agriculture faits par de savants agronomes qui vont de chef-lieu en chef-lieu porter la lumière jusqu'aux foyers des cultivateurs, et enfin de nombreux ouvrages agricoles publiés sous les auspices du gouvernement ont puissamment contribué à y faire connaître et à y propager des cultures perfectionnées.

Tout nous porte donc à croire que du moment où nos sociétés d'agriculture serviront d'intermédiaires entre les premiers magistrats des départements et les populations rurales, du moment où elles parviendront à élargir leur sphère d'action par une solidarité étendue, que dès ce moment les connaissances économiques, commerciales et sociales qui se rattachent si intimement à l'agriculture, se propageront, à leur tour, chez nos compagnards, qui, non moins laborieux que ceux du duché de Baden, n'auront plus rien à envier à la prospérité si bien décrite par M. Asher et qui fait la richesse de nos voisins sur la rive droite du Rhin.

XIV.

M. Grandeau, ayant été chargé *par le gouvernement* d'établir à Colmar une *station agricole* semblable à celle qui existe déjà aux portes de Nancy ; on s'est demandé, en Alsace, quels sont l'origine, le caractère et le but de ces institutions ?

Disons tout d'abord qu'une station agricole renferme :

1° Un terrain d'une étendue plus ou moins vaste destiné à des expériences agricoles.

2° Un laboratoire spécialement consacré à des études sur la production des végétaux et des animaux. Le mot *production* doit être entendu dans le sens le plus large, et comprendre à la fois des recherches et des expériences sur toutes les branches de la physiologie végétale et animale, de la zootechnie, de la chimie physiologique et de la météorologie envisagées au point de vue de la végétation.

3° Un amphithéâtre pour des cours publics dont le but consiste à propager par l'enseignement les connaissances acquises dans le laboratoire et le champ d'essai.

4° D'autre part, le directeur de la station fait connaitre par des publications régulières le résultat des expériences, et fait pour les agriculteurs, les propriétaires et les négociants, à un taux fixé par le règlement de la station, toutes les analyses d'engrais, des sols, d'amendements, d'eaux qui peuvent être demandées par les intéressés.

Pour se faire une idée de l'importance de ces établissements, il faut se rappeler combien sont encore imparfaites les connaissances humaines relatives à toutes les questions de physiologie animale et végétale : il y a une trentaine d'années, par exemple, les sciences naturelles indiquaient encore à l'agriculteur le règne végétal comme étant le laboratoire dans lequel devait se former, aux dépens de l'air, toute la vie organique. Dans ce laboratoire les éléments organiques devaient passer, d'abord dans les animaux herbivores, ensuite dans les animaux carnivores, et, en dernier lieu, retourner à leur source primitive, à l'atmosphère.

« Ainsi se forme, disaient alors MM. Dumas et Boussingault, le cercle mystérieux de la vie organique à la surface du globe : l'air contient ou engendre les produits oxydés ; acide carbonique, eau, acide azotique, oxyde d'ammonium. Les plantes, véritables appareils réducteurs, s'emparent de leurs radicaux, carbone, hydrogène, azote, ammonium. Avec ces radicaux, elles façonnent *toutes les matières organiques ou organisables* qu'elles cèdent aux animaux. Ceux-ci, à leur tour, véritables appareils de combustion, reproduisent à leur aide l'acide carbonique, l'eau, l'oxyde d'ammonium et l'acide azotique qui retournent à l'air pour reproduire de nouveau et dans l'immensité des siècles les mêmes phénomènes ! »

Mais cette théorie ou plutôt cette doctrine qui devait servir de base aux études et aux travaux agronomiques, bien qu'édifiée par d'illustres savants à la suite de laborieuses recherches, a été victorieusement combattue, dans ces derniers temps, par des chimistes allemands

9

non moins célèbres qui démontrèrent, en dernier lieu, que la matière inorganique contribue pour une grande part à la vie organique et que le sol, par conséquent, ne saurait être considéré uniquement comme le support des plantes. Il a été démontré que les substances salines et terreuses qui restent comme résidus après l'incinération des végétaux sont considérées à tort comme se trouvant accidentellement dans les plantes, que ces substances ne varient pas, comme on le pensait, suivant le lieu et la nature géognostique des terrains; qu'au contraire, les semences, les fruits, les racines et les feuilles absorbent des éléments minéraux qui servent à l'alimentation et à l'édification même du corps des végétaux.

On le voit, tout ce qui existe, la chaleur, l'air, l'eau, la lumière, les minéraux même contribuent à produire et à perpétuer la vie animale et végétale. Apprendre à connaître, par des *méthodes expérimentales*, les rôles respectifs que jouent ces agents chimiques et physiques qui produisent, sous des formes si variées, tantôt le pain, tantôt le vin, tantôt la viande, tel est donc l'un des problêmes les plus vastes que les directeurs des stations agricoles sont appelés à étudier dans le but de substituer des procédés raisonnés à ceux de la routine et de l'empirisme.

Ce fut en 1851 que M. le docteur Crusius de Sahlis fonda à Möckern, près Leipzig, sur une terre qui lui appartenait, la première station agricole. M. Crusius fut encouragé et soutenu dans son entreprise par la Société économique de Leipzig, par la Société d'agriculture de la même ville, et par le ministère de l'intérieur de Saxe.

L'établissement de cette station et les premières observations relatives à la physiologie animale et végétale que

M. Crusius y avait recueillies furent appréciées très-
favorablement par le monde agricole, et bientôt après, en
1853, on créa une deuxième station à Chemnitz; puis une
troisième, en 1854, à Halle. Du royaume de Saxe, ces
institutions se propagèrent rapidement dans toute l'Allemagne. En 1867, la Prusse, le Wurtemberg, la Bavière,
le Hanovre, les provinces rhénanes, la Bohême même et
la Silésie avaient créé, à leur tour, des stations qui, à
cette époque, s'élevèrent au nombre de vingt-cinq.

En 1863, le docteur Schild avait également fondé en
Suisse quatre stations alpestres dans les cantons de Berne,
de Schwitz, des Grisons et de Fribourg. Depuis 1861, il
en existe une à Stockholm qui fut fondée par la Société
royale d'agriculture. Subventionnée d'abord par les membres de cette Société, puis par l'État, cette station est de-
venue aujourd'hui la propriété du gouvernement suédois.

Ce n'est qu'en 1868 que la première station agricole a
été établie en France : ce fut M. Grandeau qui, après
avoir visité le plus grand nombre des stations allemandes,
en posa la première pierre à Nancy. Pour subvenir aux
frais de ce premier établissement, la *Société centrale
d'agriculture* de la Meurthe, avait voté une somme de
2,000 fr. De son côté, le ministre de l'agriculture a ou-
vert à son fondateur un crédit annuel de 5,000 fr. Ces
subventions étaient suffisantes, car M. Grandeau ne pré-
levait pour lui aucun traitement. Outre l'allocation
ministérielle, le beau laboratoire récemment construit au
Lycée de cette ville fut mis, par le ministre de l'instruction publique, à la disposition du fondateur de la station.
Quant aux champs d'essais, ils furent offerts gratuitement
à M. Grandeau par de grands propriétaires et par le
directeur de l'administration des tabacs de cette ville.

Mais si tel est, suivant les documents publiés dans le *Journal d'agriculture pratique*, dirigé par l'honorable M. Lecouteux, l'origine des stations agricoles, par contre le savant directeur du *Journal de l'agriculture*, M. J.-A. Barral, vient, dans les derniers numéros de ce journal, de revendiquer pour la France l'honneur de la création des stations agricoles.

Nous n'avons pas, pour notre compte, à intervenir dans ce débat, mais nous croyons devoir reproduire ici tout ce qui peut contribuer à éclairer le public, soit sur le but, soit sur l'origine de ces établissements.

« Il ne faut pas, dit M. Barral, laisser s'établir cette opinion que les stations agricoles sont d'invention allemande : en 1836 déjà M. Boussingault et son collaborateur, M. Lebel, en avait fondé une en Alsace, à Bechelbronn (Bas-Rhin). C'est à cette époque qu'ont paru dans les *Annales de chimie et de physique* les premiers Mémoires qui sont la base de toutes les théories de la chimie agricole actuelle, et qui contiennent ce qu'il y a de vrai dans les doctrines dont quelques-uns s'attribuent audacieusement aujourd'hui la découverte. M. Paul de Gasparin a également créé une station agricole à Orange où il continue les travaux que son illustre père a commencés. Depuis vingt ans et plus, les laboratoires de M. Bobierre, à Nantes, de M. Girardin, à Rouen, de M. Malaguti, à Rennes, de M. Baudrimont, à Bordeaux, de M. Isidore Pierre, à Caen, de M. Gaucheron, à Orléans, et plusieurs autres encore constituent aussi de véritables stations agricoles ; enfin, les trois écoles régionales d'agriculture de Grignon, de Grand-Jouan et de la Saulsaie constituent elles-mêmes de véritables stations. Rendons donc un peu à la France ce qui lui appartient, et encourageons les efforts originaux de nos concitoyens. Combien, hélas! n'avons-nous pas vu d'hommes épuisés renoncer à la lutte, parce qu'ils n'avaient rencontré que l'indifférence. »

C'est là, évidemment, une question de priorité susceptible de controverses comme toutes les questions de cette nature, et que nous n'avons, en notre qualité de chroniqueur, ni à apprécier, ni à discuter. Disons néanmoins que les stations, échelonnées dans un grand nombre de départements, doivent avoir nécessairement une utilité locale en se prêtant plus particulièrement, en vue de la production animale et végétale, à des etudes climatériques, géologiques et météorologiques des diverses régions dans lesquelles elles sont situées, tandis que les divers et nombreux laboratoires cités par l'honorable M. Barral ont été, et sont encore maintenant, des laboratoires privés dans lesquels des savants fort distingués se sont occupés jusqu'à présent plus spécialement de *méthodes théoriques* que de *méthodes expérimentales*, et auxquels, d'ailleurs, de vastes champs d'essais ont fait plus ou moins défaut. D'un autre côté, toutefois, il nous semble incontestable que les stations agricoles ne sont autre chose que le complément organisé sur une grande échelle de ces laboratoires, et que, par conséquent et abstraction faite de l'organisation matérielle de ces établissements, la revendication formulée par M. Barral paraît juste et fondée.

Quoi qu'il en soit de cette revendication qui, d'ailleurs, ne conteste pas l'utilité de ces institutions, hâtons-nous d'enregistrer ici, en gros caractères, que notre province a été le berceau d'où sont sortis *les premiers Mémoires formant la base de toutes les théories de la chimie agri-*

cole actuelle. Nous en concluons que l'Alsace est un terrain qui ne saurait être que propice pour perpétuer, par un établissement analogue à celui de Nancy et à ceux de l'Allemagne, les savantes investigations entreprises par notre illustre compatriote, M. Boussingault.

XV.

SOMMAIRE. — La culture du houblon en Alsace. — Crise commerciale. — Une lettre adressée au *Courrier du Bas-Rhin* par M. Barthelmé, père, de Sand. — Evaluation des frais de culture établie dans la *Bibliothèque alsacienne*, par M. E. Simon, planteur. — Les bénéfices réalisés. — L'industrie agricole et les autres industries.

En 1868, à l'époque des récoltes, la situation des planteurs de houblon était alarmante, et, de toutes parts, s'élevèrent de véritables cris de détresse : La plante la plus généreuse, la plus productive, la plus rémunératrice pendant une série d'années, avait succombé à la *brûlure*, et la valeur des récoltes était insuffisante pour couvrir les frais de culture.

D'une extrémité de l'Alsace à l'autre, les planteurs, les propriétaires, les négociants mirent, d'un commun accord, la situation désastreuse, non pas sur le compte de la chaleur tropicale, mais sur le compte du trop grand nombre de houblonnières établies dans ces derniers temps. Sous l'influence de ce découragement général, M. Barthelmé, père, l'éminent cultivateur de Sand, lauréat du concours régional du Bas-Rhin, adressa même, au *Courrier du Bas-Rhin*, une lettre ayant pour but de démontrer, d'une part, l'extension exagérée de la

culture du houblon dont la production dépasserait la consommation, et, d'autre part, la nécessité d'arracher un
grand nombre de perches nouvellement édifiées.

« Grâce aux *excitations de tout genre* qui ont sollicité
« l'agriculture et l'ont amenée graduellement à propager
« le houblon, dit M. Barthelmé, cette denrée traverse
« depuis près de dix-huit mois une crise fort douloureuse
« et dont, à mon avis, nous ne sommes pas près de sor-
« tir.... . En remontant aux causes du désordre commer-
« cial qui nous atteint, on voit qu'il résulte *uniquement*
« d'une production exagérée, dépassant les besoins de la
« consommation. »

Nous avons dû, naturellement, nous demander tout
d'abord ce que l'honorable M. Barthelmé entend par ces
mots « *excitations de tout genre?* »

Ces excitations consistent, nous allons le démontrer
tout-à-l'heure, dans d'immenses bénéfices réalisés,
pendant une dixaine d'années, par les planteurs de
houblons. Ces bénéfices, d'ailleurs, sont faciles à établir :
On sait que, dans la période que nous venons d'indiquer,
il y a eu des années où le prix du houblon s'était élevé
de 100 à 150 et même jusqu'à 200 fr. les 50 kilog. On
sait également que pendant toute cette période les
récoltes successives ont été plus ou moins abondantes et
que le prix moyen s'est constamment maintenu à environ
120 fr. le quintal (50 kilog.). Or, d'après une évaluation
des frais de culture du houblon, évaluation publiée dans
la *Bibliothèque alsacienne* par un planteur fort intelligent,
M. E. Simon, dans le but de mettre en relief les pertes
éprouvées à la suite de la récolte de 1868, le prix de revient d'un quintal de houblon, obtenu à l'aide d'une culture intensive, s'élève à 70 fr.

Les planteurs soigneux ont donc réalisé pendant une di xaine d'années, en moyenne, un bénéfice net d'environ 50 fr. par quintal. Il faut évidemment en conclure que les 20,000 perches dont chacune rapportait une livre de houblon et que M. Barthelmé, de Sand, vient de supprimer pour engager les planteurs à imiter son exemple, ont dû lui rapporter, bon an mal an, jusqu'en 1867, un bénéfice net, tous frais, déboursés et intérêts des capitaux déduits, de 10,000 fr., soit en dix années 100,000 francs.

Excités et entraînés par de tels bénéfices, on a vu, ces temps derniers, des avocats, des notaires, des négociants, des imprimeurs, abandonner à des commis et à des employés leurs affaires courantes et se livrer eux - mêmes à la culture de la plante qui a, on peut le dire, créé de fort belles fortunes en fort peu de temps. Qu'en est-il résulté ? — C'est que des terres sablonneuses, humides et quelquefois bourbeuses, qui autrefois n'avaient, pour d'autres cultures, qu'une valeur médiocre, ont été disputées d'abord entre les planteurs campagnards, et ensuite entre ces planteurs et bon nombre d'habitants des villes à des prix exorbitants. Les perches, à leur tour, qui n'avaient, avant la période indiquée plus haut, qu'une valeur vénale de 50 à 60 centimes, furent disputées aux prix de 1 fr. 25 c à 2 fr. M. E. Simon lui-même, auquel nous venons d'emprunter les chiffres d'évaluation du prix de revient des houblons, estime la valeur d'une perche à *au moins* 1 fr. 40 c.

Les houblonnières dont les établissements se succédèrent avec une rapidité prodigieuse, nous en convenons, furent ainsi édifiées dans des conditions très - anormales comparativement à toute autre culture. Mais, quelque fût le chiffre élevé des frais , les bénéfices réalisés jusqu'en 1867 inclusivement n'en furent pas moins très - satisfaisants.

Voilà ce qui en est des *excitations* signalées, mais non expliquées par l'honorable M. Barthelmé, de Sand.

Demandons - nous maintenant depuis quelle époque la production exagérée du houblon a dépassé les besoins de la consommation ?

« La récolte de 1867, dit M. Barthelmé dans sa lettre adressée au *Courrier*, a été abondante dans la plupart des pays de production du continent européen. A cette époque, ajoute-t-il, le commerce et la brasserie *n'avaient aucune réserve de houblons anciens*, et l'Amérique et l'Angleterre, qui étaient alors en *fort déficit*, ont tiré du continent près de 350,000 quintaux. »

Si donc , en 1867, la brasserie n'avait aucune réserve en houblons , et si l'Amérique et l'Angleterre étaient en déficit, il faut, à coup sûr, déduire de cette circonstance que jusqu'en 1867 la production de houblon n'avait , non-seulement pas dépassé les besoins de la consommation , mais que celle-ci se trouvait même , comme l'affirme formellement M. Barthelmé , en déficit ; d'ailleurs , le prix atteint par le houblon en 1867 constate le dire de l'estimable agronome de Sand.

Il est donc établi , d'une part , que jusqu'en 1867 la production n'avait rien d'exagéré, et, d'autre part , que , jusqu'à cette époque , les prix n'avaient , même pour les planteurs urbains, rien de décourageant.

D'où vient-il maintenant que , d'une année à l'autre, c'est à-dire de 1867 à 1868, la production a si subitement dépassé les besoins de la consommation ?

. « Il est de notoriété générale , répond M. Barthelmé ,

10

« qu'au commencement de 1869 il était resté, tant parmi
« les producteurs que parmi les brasseurs et spéculateurs,
« une provision d'au-delà 100,000 quintaux de houblons
« provenant de l'abondante récolte de 1867. » Or, la
récolte de 1868 ayant été également abondante il en est
résulté l'encombrement qui vient de jeter si subitement
le découragement parmi les planteurs alsaciens.

Mais, la réponse donnée par M. Barthelmé est très-
incomplète, car il oublie de faire remarquer que la récolte
de 1868, bien qu'abondante, a été d'une qualité tellement
inférieure et tellement privée de lupuline [1] qu'elle a été
repoussée à la fois par les consommateurs, les brasseurs
et même par les spéculateurs qui n'en ont acheté de
certaines quantités que pour les mélanger avec les houblons restant de 1867.

Ce mélange inconsidéré fit tomber rapidement même
les prix des houblons de 1867, lesquels ne trouvaient
plus acheteurs qu'au prix des houblons de 1868, prix
variant entre 25 et 40 fr., tandis qu'à Munich et à Spalt
les prix des bonnes qualités s'élevaient à 154 fr. et jusqu'à
213 fr. 80 c., *avec épingles*, pour les 50 kilog.

De ce qui précède, il résulte évidemment qu'au moment des prochaines récoltes les brasseurs et les spéculateurs n'auront d'autres provisions que celles de qualités
plus que médiocres, et que, si la récolte de 1869 est
bonne, comme quantité et comme qualité, elle s'écoulera
rapidement, d'abord entre les mains des brasseurs, et
ensuite entre celles des spéculateurs.

[1] On désigne par lupuline la poussière jaunâtre, dorée, résini-
forme, aromatique et amère, que l'on trouve, à l'époque de la
maturité, à la base de la surface externe des bractées dont sont
formés les cônes du houblon, ainsi que sur l'axe qui les supporte.

Telle est la situation vraie à l'heure présente. — Faut-il, avec M. Barthelmé, et à la suite d'une seule année néfaste, engager nos planteurs alsaciens à détruire une bonne partie de leurs plantations? — Nous ne le pensons pas. Nous leur dirons plutôt : attendez les deux récoltes prochaines, les bénéfices que vous avez réalisés jusqu'à-présent ont été tels qu'ils vous dédommagent largement des pertes que vous venez d'éprouver.

Est-ce à dire qu'à nos yeux la culture du houblon ne subira pas, tôt ou tard, des modifications profondes qui la placeront au niveau de toute autre culture? — En vérité, nous ne connaissons point de raisons pour lesquelles cette culture devrait jouir à perpétuité de ce privilége qui l'a rendue jusqu'à-présent plus rénumératrice et plus *excitante* que toutes les autres cultures? — En effet, tandis que le planteur de houblon a réalisé, pendant une série d'années, des bénéfices qui s'élevaient, en moyenne à 50 pour cent, le vigneron, par exemple, ne parvient qu'à peine à faire rapporter à ses capitaux et à ses travaux 6 à 8, et très-exceptionnellement 10 pour cent, sans parler des années désastreuses, comme celles par exemple de 1849 à 1852 où les récoltes ne payaient pas les frais de culture.

En agriculture, toutefois, les évaluations ne sont pas et ne sauraient être d'une exactitude rigoureuse. Les frais comme les bénéfices n'ont rien d'absolu et dépendent, le plus souvent, de l'intelligence de l'exploitant. Le planteur, par exemple, qui a été pressé de se voir à la tête de vastes houblonnières, qui a payé ses terres et ses perches à des prix très-élevés, et qui, pour faire exécuter les travaux nécessaires à ses plantations, a été obligé d'avoir recours à des mercénaires ; ce planteur assuré-

ment, ne pourra livrer ses produits aux mêmes prix que
le cultivateur qui emploie et qui surveille son personnel,
ses attelages, ses engrais et qui sait diviser tous les éléments de production dont il dispose entre les diverses
cultures qu'il exploite.

Dans le Haut-Rhin, la panique et le découragement
qui viennent de s'emparer d'un grand nombre de planteurs
a fait descendre le prix des perches de 1 fr. 25 c. à 70
et même à 60 centimes. A son tour, la terre a subi une
dépréciation notable ; il en résulte que le cultivateur qui
profitera de ce moment pour établir sa houblonnière
sera à même d'en livrer les produits à des prix inférieurs
à ceux que les planteurs des années précédentes sont
obligés de réaliser pour se procurer un léger bénéfice.

En somme, nous pensons que la culture du houblon,
comme toutes les autres industries, est soumise à des
fluctuations que l'exploitant prudent doit plus ou moins
prévoir : ne pas se laisser entraîner ni par des bénéfices
qui résultent de circonstances anormales, ni se laisser
aller au découragement par de mauvaises récoltes surve-
nues à la suite de perturbations atmosphériques, telle
nous semble être la règle principale à même de conduire
à bonne fin l'agriculteur alsacien qui, d'ailleurs, doit
savoir qu'à moins de circonstances extraordinaires qui
ne peuvent se produire indéfiniment, il est difficile sinon
impossible de réaliser dans l'exploitation du sol des fortunes rapides comme dans les autres industries.

XVI.

La viticulture occupe une place trop importante dans l'agriculture alsacienne pour que nous puissions omettre de signaler aux populations laborieuses qui s'y adonnent, l'apparition d'un nouveau fléau qui, l'an dernier, a causé de grands ravages dans les riches vignobles de la Provence et du Vaucluse. Une commission chargée par le gouvernement d'étudier la nature de cette nouvelle maladie vient de constater que dans l'arrondissement d'Orange un *tiers* du vignoble a complètement dépéri, que sur 10,000 hectares de vignes que compte cet arrondissement 3,600 sont aujourd'hui dépeuplés ; que Sarrians n'a presque plus de vignes saines et que celles de Roquemaure sont à moitié détruites. La maladie, après avoir commencé à sévir dans les Bouches-du-Rhône, a rapidement remonté le cours de ce fleuve jusqu'au-dessus de Pirrelate, dans la Drôme : sur ce long parcours, elle a établi avec une effrayante rapidité des foyers contagieux propageant la mort sur de vastes étendues.

Quelles sont les causes de cette nouvelle maladie ? — Quelle en est la nature ? — Nous ne saurions mieux répondre à ces questions qu'en empruntant au journal *la Culture* le résumé succinct des nombreux documents publiés à ce sujet jusqu'à l'heure présente [1]. Suivant ce

[1] Voy. *la Culture*, 1er avril. La nouvelle maladie de la vigne, par J.-F. Flaxland.

résumé, la nouvelle maladie, citée récemment dans l'*Exposé de la situation de l'Empire* sous la dénomination de *pourri des racines*, serait la conséquence d'une brusque transition de fortes chaleurs à de grands froids et proviendrait ainsi de causes météorologiques purement fortuites. Des viticulteurs distingués du Midi pensent devoir en reporter les causes primordiales aux pluies incessantes et torrentielles du mois de septembre 1866. Ces pluies, ayant amené subitement une température très-élevée, arrêtèrent brusquement la végétation à tel point que les sarments se dégarnirent de leur feuillage comme au mois de novembre. Or, c'est à la suite de ces pluies déjà que l'on a cru remarquer qu'un grand nombre de racines de vignes, se trouvant sur un sous-sol peu perméable, ont été envahies par la pourriture qui, sous l'influence des conditions atmosphériques favorables à son développement, a continué à se propager et à envahir complètement, en 1868, les départements que nous venons de citer.

Mais, contrairement à cette opinion émise d'abord par M. Paul de Gasparin, et ensuite par MM. Marès et Sylvestre-Armand, une commission, présidée par M. Gaston-Bazille, et chargée par la *Société centrale d'agriculture* de l'Hérault d'étudier le terrible fléau, a cru, en dernier lieu, pouvoir attribuer la nouvelle maladie à l'invasion d'un insecte destructeur.

D'après cette commission, la maladie sévirait non-seulement dans des vignes situées sur des terrains à sous-sol peu perméable, elle se serait déclarée également sur des terrains dont l'exposition et les conditions géologiques seraient des plus variées. Ce qui détermine principalement cette commission à ne pas admettre l'opinion

primitivement émise, c'est que le mal, s'il provenait en
effet d'une perturbation atmosphérique, aurait dû d'abord
se déclarer sur les branches et s'étendre de là vers les
racines. La commission cite, à cet égard, l'effet produit
par les grands froids sur la vigne. « Dans ce cas, dit-elle,
la vigne se désorganise de haut en bas, ses branches
meurent, le corps ou la tige dépérit à son tour, mais le
mal s'arrête au collet de l'arbrisseau et les racines restent
intactes. » Aux yeux de la commission, il n'en est pas
ainsi de la nouvelle maladie. Celle-ci, au lieu de se propager du haut vers le bas, se propage, au contraire, des
racines vers les sarments. La maladie, en outre, semble
renfermer un virus contagieux qui s'étend et fait rapidement de nouvelles victimes. Une vigne envahie, par
exemple, dont vingt rangées de souches sont seules attaquées aujourd'hui, présentera dès le lendemain deux ou
trois nouvelles rangées malades. La commission de
l'Hérault en conclut donc que le progrès rapide du mal
doit avoir sa source dans une action locomotrice que l'on
ne peut s'expliquer que par la présence de pucerons que
l'on retrouve en grand nombre sur toutes les souches
malades.

D'un autre côté, ajoute la commission, la mortalité de
le vigne a principalement commencé à sévir à une époque de l'année où le froid de l'hiver ne pouvait plus avoir
d'action ; c'était au cœur de l'été, aux mois de juin et de
juillet, que se manifestèrent les premiers symptômes de
la maladie qui furent immédiatement suivis de la mort
des souches, tandis que les ceps et les pampres restèrent,
pendant quelques jours encore, plus ou moins verdoyants.

Tels sont, en résumé, les principaux arguments qui
ont engagé la commission de la *société d'agriculture* de

l'Hérault à attribuer la nouvelle maladie de la vigne à la présence des pucerons désignés sous le nom de Philoxera.

Ces arguments toutefois n'ont pu convertir ni M. Marès, ni M. de Gasparin, ni M. Sylvestre-Armand, et ces savants viticulteurs n'en pensent pas moins, à l'heure qu'il est, que les causes premières de la mortalité proviennent des perturbations météorologiques.

Il est vrai, dit M. de Gasparin dans une lettre adressée, le 7 août 1868, au *Journal de l'agriculture*, que les pieds des vignes malades sont couverts de pucerons jaunes qui abandonnent les racines dès que la mort de l'arbrisseau est définitive. Il est vrai aussi que ces insectes se multiplient rapidement, et qu'en quittant les racines mortes, ils vont chercher leur vie sur les racines vivantes et contribuent ainsi à étendre l'épuisement et la mort.

Mais, ajoute M. de Gasparin, la question est ainsi déplacée : nous n'en sommes pas à savoir que les végétaux dont la santé est altérée deviennent la proie d'insectes parasites, et que ces invasions sont souvent funestes à leurs voisins. M. de Gasparin persiste donc à croire que c'est la maladie qui a amené l'insecte et que ce n'est pas l'insecte qui a amené la maladie.

A son tour, et dans un autre ordre d'idées, M. Marès continue à combattre les conclusions adoptées par la commission de l'Hérault et déclare que l'insecte lui paraît l'une des causes actives de la maladie, mais dont néanmoins les causes générales et primitives résident, d'abord dans les terrains humides à sous-sols imperméables et ensuite dans les intempéries. Il réfute l'opinion de la commission de l'Hérault selon laquelle la maladie se serait déclarée dans des terrains de toute nature, et constate ce fait très-important dans cette question que l'on a rencontré dans les vignobles de l'Aude, de l'Hérault et du Gard des vignes attaquées de la maladie, sur les racines desquelles on n'a pu trouver aucun puceron, que, par contre, on en a vu un grand nombre, à racines bien garnies d'insectes, sur lesquelles la végétation est restée satisfaisante, et qui ont donné de belles et bonnes récoltes. D'ailleurs, dit-il, depuis le mois de novembre (1868) les pucerons ont beaucoup diminué de nombre et semblent même avoir disparu dans les vignes où on les trouvait très-répandus pendant l'été. Il pense cependant qu'il est bon d'attendre jusqu'au printemps 1869 pour voir comment se comporteront ces vignes.

Telle est la conclusion de M. Marès. Assurément nous n'en saurions trouver de meilleure. — Attendons ! Mais, tout en attendant, il est utile, pour renseigner complétement nos lecteurs sur la question en litige, de dire un mot des mœurs et de la nature du terrible Philoxera.

L'insecte accusé de porter la mort dans les vignobles de la Provence, pourquoi n'a-t-il point fait de mal depuis des siècles ? — Quelle est la cause de sa multiplication si désastreuse ? — Comment se propage-t-il d'un cep à l'autre ? — Telles sont naturellement les questions que l'on a dû se poser au moment où l'insecte fut découvert. Disons donc tout de suite que, dans un mémoire fort intéressant présenté à l'Académie des sciences et inséré dans les *Comptes-rendus* de la savante société, M. Planchon a cherché à élucider les problèmes posés.

Pendant les premiers jours de leur vie active, dit M. Planchon, les jeunes pucerons sont à l'état vagabond ; ils ont l'air de palper avec leurs antennes la surface qu'ils parcourent ; mais, après un temps variable de vie errante, ils se fixent sur un point déterminé , « c'est le plus souvent dans une fissure de l'écorce d'où leur trompe puisse aisément plonger dans les cellules de la couche génératrice , c'est-à-dire , d'un tissu jeune à cellules pleines de suc. Si l'on fait sur une racine une plaie fraiche , par ablation d'un lambeau d'écorce , c'est au pourtour de la plaie ou sur la coupe des rayons dits *médullaires* que se portent par files les pucerons. Une fois fixés à leur convenance, on les voit appliqués sur la racine, leurs antennes immobiles formant en avant comme deux petites cornes divergentes. A cette période de leur vie, du troisième au quinzième jour de leur naissance, les pucerons sont plus ou moins sédentaires : cependant ils changent de place de temps à autre , surtout si l'on fait à côté d'eux une plaie nouvelle qui leur promette une nourriture succulente. »

A l'état de larve , ces pucerons ressemblent au type aptère , c'est-à-dire aux insectes dépourvus d'ailes : bientôt pourtant, sur un certain nombre d'entre eux, des ailes apparaissent aux deux côtés du corselet, et, au lieu d'une sorte de pou, on voit, à côté d'une dépouille transparente, une élégante petite mouche armée de quatre ailes horizontalement croisées et dépassant de beaucoup la longueur du corps. M. Planchon pense que ce sont les individus ailés qui servent à la propagation à distance de ces insectes destructeurs. En tout cas, dit-il, ces insectes pourvus d'ailes et à vie évidemment aérienne expliquent aisément des faits jusque-là embarrassants, par exemple, la dissémination des centres d'invasion dans les vignobles. Quant à l'invasion de proche en proche, il se peut qu'elle se fasse par des pucerons dépourvus d'ailes, lesquels groupés en grand nombre aux pieds des souches déjà très-malades enverraient peut-être leurs essaims sur les vignes saines les plus voisines.

Pour examiner si ceux des insectes privés d'ailes voyagent d'une souche à l'autre dans la profondeur du sol, ou en suivant la surface de celui-ci, M. Planchon a mis dans une caisse d'un mètre de longueur des tronçons de vigne attaqués de pucerons aptères; il a couvert chaque tronçon d'une cloche en verre légèrement soulevée d'un côté pour permettre aux insectes de sortir. A trois centimètres de distance de ces tronçons il a placé des fragments de racines de vignes saines sur lesquels il a pratiqué des plaies fraîches telles que les aiment les pucerons. Or, ces mesures prises, quelques jours après, une vingtaine de pucerons avaient envahi les fragments de la souche bien portante, d'où M. Planchon conclut que l'invasion des souches saines se fait par leur base et non sous terre par les radicelles.

Bien que ce mémoire complète nos connaissances sur les mœurs, la multiplication et la propagation du Philoxera, il ne projette néanmoins aucune lumière sur la question essentielle, à savoir, si la nouvelle maladie de la vigne est l'effet de l'invasion du puceron, ou si la multiplication funeste de l'insecte est le résultat ou la conséquence de la maladie. On comprendra facilement l'importance de la question, car, en effet, dans le premier cas, il s'agirait de trouver avant tout un moyen de destruction, tandis que, dans l'autre cas, le vigneron ne saurait combattre les conséquences des perturbations atmosphériques qu'en redoublant d'efforts et de soins dans la culture de ses vignes.

La Culture à laquelle nous venons d'emprunter la plus grande partie de ces renseignements se range du côté des viticulteurs qui pensent que la présence de l'insecte sur les vignes malades est l'effet, et non pas la cause de la maladie. Néanmoins elle pense que les variations anormales de la température ne sont pas seules à produire la maladie et que la constitution *physique* du sol et du sous-sol y contribue beaucoup pour sa part. La vigne, on le sait, ne prospère pas à toutes les expositions ni dans tous les terrains : un sous-sol imperméable qui retient les eaux du ciel lui est très-funeste lorsque les pluies sont continues, comme un sol ou un sous-sol *trop perméable* lui devient dangereux lorsque l'humidité y disparaît à la suite de longues sécheresses.

En Alsace nous n'avons jamais vu de vignes malades autres que celles situées soit au pied des coteaux, soit dans des bas-fonds, soit dans la plaine où l'une ou l'autre des causes indiquées ont constamment été l'origine de toutes espèces de perturbations physiologiques. L'oïdium même semble devoir son origine à l'imprudence de l'homme qui, entraîné par les avantages présentés par la culture de la vigne, lui a fait quitter les terres qui lui ont été assignées par les lois qui régissent la production des plantes. En effet, l'oïdium fut remarqué pour la première fois dans le pays aux gras pâturages, en Angleterre, vers l'année 1848. L'année suivante elle a fait son apparition dans les serres chaudes de Paris et ce ne fut qu'en 1851 et 1852, après une série d'années de pluies excessivement abondantes, qu'elle se propagea rapidement dans les plantations les plus humides et les plus luxuriantes des plaines.

« Dans un vignoble, disait alors M. le docteur Guyot, où règne la maladie, à cinq cents mètres de distance, on peut indiquer les points où l'oïdium domine et ceux où il n'existe pas. Partout où les pampres luxuriants forment d'épais fourrés, l'oïdium est à son maximum ; partout où l'on voit la terre et les ceps bien isolés par leur médiocre végétation, l'oïdium est à son minimum. »

Ajoutons que l'oïdium ne s'est jamais montré ni sur les coteaux de la Bourgogne ni sur ceux de l'Alsace, et que nous avons toujours considéré cette prédilection de la maladie pour les terres fortes et humides comme une providence qui veille, en quelque sorte, à ce que les terres rocheuses des hauteurs, les sols abrupts des coteaux inaccessibles à la charrue, ne soient pas un jour déshérités de leur privilége vinifère qui fait aujourd'hui la fortune de nombreuses et laborieuses populations.

Disons donc avec Virgile : « *Laissez les plaines à Cérès, les coteaux à Bacchus* » et vous aurez mis la main sur le meilleur des remèdes pour préserver la vigne de maladies désastreuses.

Nos vignerons alsaciens, nous en sommes persuadé, donneront volontiers leur assentiment aux sages conseils exprimés par le journal *la Culture* qui, d'ailleurs sous l'habile direction de M. A. Sanson, forme un recueil d'excellents articles que nous recommandons aux agriculteurs de notre province.

XVII.

Sommaire. — Une brochure de M. E. Simon. — Quelques formules d'engrais, par M. Louis Pasquay. — La culture de la vigne à Riquewihr, par M. Adolphe Sattler.

Nous avons reçu, de M. E. Simon, une petite, mais fort bonne brochure traitant des dépenses qu'exigent les

divers modes de culture du houblon. Le mérite principal
de cette brochure, toutefois, nous semble ne pas consis-
ter dans les diverses évaluations des frais d'exploitation,
car l'auteur fait judicieusement remarquer que ces calculs varient selon la valeur des terres, des frais de transport et de main-d'œuvre, et selon l'abondance ou la rareté des engrais. Nous ne suivrons donc pas M. Simon
dans les nombreux chiffres qu'il a établis et qui, pour les
raisons indiquées, n'ont qu'un intérêt purement local. Il
n'en est pas de même de la conclusion obtenue à l'aide
de ces chiffres, conclusion qui démontre que la culture
intensive, c'est-à-dire celle par laquelle on obtient le
rendement le plus élevé sur une surface donnée, est la
plus rationnelle et, par conséquent, la plus recomman-
dable. C'est là une vérité très-appréciée par les cultivateurs éclairés et que l'on ne saurait répéter assez hautement et assez souvent à nos campagnards dont un grand
nombre se laissent trop facilement entraîner par l'impru-
dent désir de *s'arrondir*.

Diminuer les frais ; augmenter les produits des récoltes, c'est là, sans contredit, le meilleur moyen pour
conduire à bonne fin les pénibles travaux de la terre. A
ce sujet citons encore une autre brochure qu'a bien voulu
nous communiquer M. Louis Pasquay, vice-président du
comice agricole de l'arrondissement de Strasbourg. Sous
ce modeste titre, *indication de quelques formules d'engrais à employer comme compléments du fumier de
ferme*, M. L. Pasquay a établi un véritable guide de physiologie végétale, en ce sens, que les tableaux qu'il a édifiés indiquent au cultivateur les aliments de prédilection
absorbés par les plantes que nous cultivons. Nous y voyons
que les engrais très-azotés contribuent plus particulière-

ment à la nutrition des céréales, des racines, des plantes oléagineuses et des prairies naturelles. Par contre, les sels alcalins fixes, tels que les phosphates, les sulfates et les nitrates de potasse, de chaux et d'ommoniaque sont indispensables à la prospérité des plantes légumineuses, des tubercules, du tabac, du houblon et de la vigne. Disons pourtant que nous aurions aimé voir les tableaux en question précédés d'une explication nette et précise établissant la différence qui caractérise les deux espèces d'engrais ; car les termes employés par la chimie agricole ne sont pas encore compris par le plus grand nombre des campagnards auxquels la brochure de M. Pasquay s'adresse plus spécialement. Il est cependant bien facile, ce nous semble, de faire comprendre que l'azote des engrais provient de la putréfaction des corps organisés, et qu'outre l'azote, la décomposition des corps donne encore naissance aux gaz hydrogène carboné, hydrogène sulfuré, puis à l'ammoniaque, à l'acide carbonique et quelquefois à l'hydrogène phosphoré.

Ce sont ces gaz, nous l'avons déjà fait remarquer dans un article précédent, qui furent considérés par les princes de la science, il y a une quarantaine d'années à peine, comme constituant ce laboratoire dans lequel devaient se former et se déformer les plantes et les animaux. Ce sont ces gaz encore auxquels le célèbre chimiste Liebig, et après lui MM. Nérée Boubée, Georges Ville, et beaucoup d'autres encore, sont venus contester le privilège d'être seuls créateurs et démontrer que les animaux et les plantes ne se nourrissent pas seulement d'éléments atmosphériques, mais aussi d'éléments minéraux. Le règne minéral, disait notre savant ami M. Nénée Boubée, a précédé le règne végétal, le règne végétal a précédé le règne animal, d'où il faut conclure que la matière minérale a été destinée à nourrir les plantes, que les plantes sont destinées à nourrir les animaux, et que les animaux ne peuvent nourrir les végétaux qu'après qu'ils sont passés à l'état de matière morte décomposée et redevenue matière minérale , comme l'exprime si bien ce verset célèbre :

« *Memento homo quia pulvis es*
et in pulverem reverteris. »

Outre les deux brochures de M. E. Simon et L. Pasquay nous avons encore sous les yeux un opuscule d'un intérêt palpable pour nos populations viticoles intitulé : *La culture de la vigne dans la commune de Riquewihr.*

L'auteur de cet opuscule, M. Adolphe Sattler, constate, tout d'abord, que les cépages cultivés dans la commune de Riquewihr sont très-nombreux. Nous remarquons dans la nomenclature de ces cépages, le Tokai ; le Riesling ; le Muscat blanc, rouge et noir ; le Pinot gris ; le Chasselas ; le Bourgeois ; le Malvoisie et le Knipperlé.

« Les vins gentils, dit M. A. Sattler, étaient jadis très-renommés dans toute l'Allemagne ; mais lorsque la douane eut fermé le passage du Rhin, les viticulteurs riquewihriens trouvèrent peu avantageux de continuer à produire des vins fins, parce que le commerce extérieur était paralysé, et parce que les consommateurs du pays, composés en grande partie des classes ouvrières, recherchent avant tout le bon marché. Toutefois, si, depuis de longues années, les viticulteurs de Riquewihr avaient, en quelque sorte, renoncé aux cépages gentils, ils ont recommencé, ces temps derniers, à les cultiver de nouveau, avec l'espoir que la multiplicité des voies ferrées parviendra bientôt à faire supprimer les droits prohibitifs frap-

pés sur les vins français par nos voisins d'outre-Rhin. Il
n'y a que l'abolition de ces droits, fait remarquer M. Sattler, qui parviendra à rétablir en Alsace la culture des
cépages *hors rang*, qui autrefois firent une si rude concurrence aux meilleurs vins du Rhin allemand. »

Qu'il nous soit permis de recommander, en passant,
les lignes qui précèdent à la commission viticole de la
Société des sciences, agriculture et arts du Bas-Rhin,
qui, dans une séance récente, avait émis cette opinion,
faiblement combattue par un ou deux de ses membres,
que les *traités de commerce avec l'Allemagne sont complètement étrangers à la question du progrès viticole.*

Qu'il nous soit permis encore, au moment où des
luttes ardentes sont ouvertes entre les candidats qui as-
pirent à la députation, de recommander aux vainqueurs
les 30,000 familles qui arrosent de leurs sueurs les 30,000
hectares de vignes constituant le domaine viticole de
notre province, et qui, nous venons de le voir, n'ont rien
à espérer des barrières douanières !

Après avoir passé en revue les très-nombreux cépages
cultivés à Riquewihr et dont nous n'avons indiqué qu'un
très-petit nombre, M. A. Sattler indique le produit qu'il
a obtenu de ses vignes à partir de 1841 jusqu'à 1865. Il
résulte de ses observations que le produit moyen de ces
24 années a été de 84 litres de moût par *are* et par *an ;*
par conséquent de 168 *mesures* (84 hectolitres) par hectare. En prenant, comme moyenne, une valeur de 12 fr.
par mesure, le rendement en numéraire d'un hectare de
vigne de la commune de Riquewihr serait de 1,916 fr.
Or, lors de l'enquête, la commission chargée par le comice de la circonscription de Ribeauvillé d'établir le
compte des frais de culture d'un hectare de vigne, avait

fixé ces frais, — si nous avons bonne mémoire — à 450 fr. non compris les intérêts des 20,000 fr., prix moyen d'un hectare de vigne situé dans cette circonscription. En ajoutant les intérêts du capital engagé aux frais de culture, nous voyons que les déboursés totaux du vigneron sont de 1,450 fr. par hectare. En déduisant maintenant cette somme des 1,916 fr. obtenus par le rendement de la vigne, il reste au viticulteur, comme bénéfice net, par hectare, une somme de 466 fr. La moyenne de la propriété viticole étant, tout au plus, de deux hectares, on peut dire que le viticulteur de la circonscription qui nous occupe, et qui constitue le cœur du vignoble d'Alsace, réalise annuellement un bénéfice de 932 fr. avec lequel il a à subvenir à son entretien et à celui de sa famille.

Mais, hâtons-nous de le répéter, ces évaluations, pas plus que celles des planteurs de houblons, ne peuvent être d'une exactitude rigoureuse : elles se modifient considérablement non-seulement selon les lieux et les circonstances, mais surtout selon l'activité et l'intelligence de l'exploitant. Une exploitation agricole, pour être bien organisée, doit ressembler à une de ces vastes machines manufacturières dont les nombreux engrenages correspondent à une multitude d'organes qui tous contribuent à produire l'objet principal de la fabrication. A son tour, la production économique des engrais, du lait, de la viande, des racines, des tubercules, des fruits et des légumes nécessaires au personnel de l'exploitant, doit s'ajouter au faible bénéfice réalisé par le viticulteur.

C'est là, nous le pensons, une vérité qui, d'ailleurs, a été parfaitement comprise par M. A. Sattler lorsque, par un système d'échalassement nouveau, il a cherché à in-

troduire dans sa culture une innovation qui, à tous les
points de vue, nous semble heureuse et qui fera l'objet
des lignes suivantes.

XVIII.

SOMMAIRE. — Les tuteurs primitifs de la vigne. — Le prix du
bûcher et du tombeau. — Une nouvelle méthode d'échalassement appliquée par MM. J. Farny, F. Sigrist, Ad. Sattler et
Ch. Oberlin.

On sait que les faibles sarments de la vigne, par suite
de la taille qui force la végétation à concentrer ses fruits
sur un petit nombre de branches, ne résisteraient pas au
poids qu'ils ont à supporter, s'ils n'étaient soutenus par
des tuteurs que l'on désigne sous le nom d'échalas. Les
dimensions de ces tuteurs varient selon les climats et
selon les divers modes de culture appliqués au précieux
arbrisseau : Dans les régions méridionales, la vigne était
primitivement plantée au pied des arbres, et ses nombreux
sarments enlaçaient étroitement jusqu'aux sommets les
rameaux du figuier, du tilleul, de l'érable, du chêne et
même du peuplier. Aussi, les récoltes n'étaient-elles pas
exemptes de dangers et les vendangeurs fixèrent-ils
d'avance le *prix du bûcher et du tombeau*, c'est-à-dire
qu'ils convinrent des conditions qui, en cas de chûte,
obligeaient le propriétaire des vignes, à les faire enterrer
convenablement selon les usages de l'époque.

Les échalas furent perfectionnés et introduits dans les
plantations régulières au fur et à mesure que les progrès
se réalisèrent dans les cultures. Dans les zônes tempérées,

les échalas, sans doute très-volumineux d'abord, servaient non-seulement de tuteurs, mais encore d'abri contre les vents du nord, tandis que, dans le midi, la vigne fut souvent réduite à tel point par la taille que le plus faible tuteur pouvait lui servir, et que ses sarments couvraient le sol tout alentour de la souche.

Vers le nord, au contraire, et là surtout où la vigne est exposée aux gelées blanches, on a remarqué que plus le sarment est rapproché de la terre, plus il est susceptible de succomber aux derniers froids de l'hiver. D'un autre côté, on a pu constater également que plus le sarment est élevé, c'est-à-dire éloigné du sol, plus ses fruits mûrissent difficilement. De là les divers modes adoptés pour la hauteur et la solidité des échalas qui varient, même en Alsace, selon les altitudes et les influences atmosphériques.

Il était réservé à notre époque de modifier ces usages séculaires et d'introduire dans la culture de la vigne un perfectionnement considérable. Ce perfectionnement consiste à remplacer les tuteurs en bois par des soutiens en fer, ce précieux métal que le génie inventeur du siècle est parvenu à transformer en minces fils si remarquables par leur solidité et leur bon marché.

Employés tout d'abord à remplacer le lattage horizontal des treilles adossées contre les murs, les fils de fer servirent bientôt à des viticulteurs intelligents à créer des plantations entières, occupant de grandes étendues, et composées uniquement de treilles isolées, placées en rangée et à distance régulière les unes des autres. Parmi les innovateurs les plus hardis de ce procédé, il faut compter, en Alsace, MM. Ch. Trimbach et David Greiner de Mittelwihr et M. Gillet, d'Ingersheim.

Mais, bien que l'économie réalisée par cette innovation soit incontestable et que le rendement d'une plantation de vigne, divisée en treilles, paraisse ne pas être inférieur à celui d'une vigne soutenue par des échalas isolés, ce procédé présente néanmoins des inconvénients qui en ont empêché une application plus générale. En effet, une plantation composée de treilles présente une étendue territoriale divisée en un grand nombre de ruelles étroites et parallèles privées d'issues latérales, ou au moins à issues très-éloignées les unes des autres; aux yeux des viticulteurs les plus expérimentés du Haut-Rhin cette division a pour conséquences fâcheuses de gêner l'ouvrier dans ses travaux et d'entraver la circulation surtout au moment des vendanges.

Ce sont ces inconvénients qui ont décidé M. Ad. Sattler à appliquer à la culture de ses vignes un système d'échalassement nouveau dont les premiers essais ont été faits, d'abord par M. J. Farny, de Guémar, et ensuite par MM. F. Siegrist, de Riquewihr, et Ch. Oberlin, de Beblenheim.

Mais avant d'entreprendre la description de cette nouvelle méthode, il faut faire remarquer que l'échalas en bois, fiché en terre, ne se détériore rapidement que là où une mince couche de terre sépare sa partie inférieure de sa partie supérieure; en d'autres termes, c'est à fleur de terre que l'échalas succombe en premier lieu à l'action destructive du temps. Le nouveau système a donc pour but, d'une part, de diminuer les frais de culture par l'emploi d'échalas d'un prix très-peu élevé, et, d'autre part, de prévenir l'action détériorante que nous venons d'indiquer. Ajoutons, pour mieux faire comprendre les lignes qui suivent que le prix vénal d'un échalas en chêne est de 20 centimes, celui d'un échalas en châtaignier de 40 centimes, et que la culture appliquée à la vigne, en Alsace, est désignée par le docteur J. Guyot sous le nom de Quenouilles garnies de franconis, c'est-à-dire, vignes hautes à sarments recourbés verticalement.

Or, dans le nouveau procédé, l'échalas, au lieu d'être fixé en terre, au lieu de provenir d'une essence de bois recherchée, ne consiste plus qu'en un tuteur de fort peu de valeur, en une simple latte de rebut ; et au lieu d'être enfoncé dans le sol, il est suspendu à un gros fil de fer tendu horizontalement au-dessus de la rangée des ceps et fixé à de solides poteaux placés aux extrémités de la plantation.

Ce fil de fer est susceptible d'être tendu à toute hauteur ne dépassant pas la hauteur de ces poteaux. Dans les vignes de M. Sattler le fil de fer se trouve élevé à 1 mètre 85 ; des échalas bien droits mais, nous venons de le faire remarquer, d'une minime valeur y sont attachés à l'aide d'un fil de fer léger ; ces échalas entrent à peine dans le sol, mais, liés aux pieds des ceps de vignes avec de fortes branches de saules, ils résistent, dit M. Sattler, aux vents les plus violents.

L'avantage présenté par ce système consiste donc principalement en ce qu'il n'empêche pas la circulation dans les vignes, qu'il n'oblige pas le vigneron d'appliquer une taille nouvelle, et, en troisième lieu, en une grande économie de dépenses et de temps.

Tel est, en peu de mots, le nouveau système d'échalassement. Nous n'entrerons pas dans les minutieux détails que renferme à ce sujet l'opuscule de M. Sattler, dont nous avons fait mention dans notre article précédent. Disons néanmoins que le fil de fer tendu horizontalement au-dessus de chaque rangée de ceps de vigne à l'aide d'un raidisseur, à une force considérable à laquelle les poteaux placés aux extrémités ne résistent que difficilement. L'établissement économique de ces poteaux, leur durée et leur solidité constituent donc, à l'heure présente, l'unique problème qui reste à résoudre pour propager rapidement une méthode qui, nous n'en doutons pas, rendra, dans un avenir plus ou moins rapproché, d'éminents services à la viticulture alsacienne.

Nous sommes d'autant plus persuadé que cette nouvelle méthode sera bientôt et généralement adoptée partout où l'on cultive la vigne *haute à long bois recourbé*, que des viticulteurs distingués y ont déjà introduit des perfectionnements importants. C'est ainsi que M. Ch. Oberlin, de Beblenheim, pour donner plus de solidité au fil de fer longitudinal, a ajouté un certain nombre de fils de fer transversaux ; ces fils de fer, se croisant en sens longitudinal et transversal, forment une véritable grille d'une grande résistance au-dessous de laquelle les vignerons et les vendangeurs, même chargés de hottes, circulent en toute liberté.

Ajoutons, en terminant, que nous avons cru devoir visiter les plantations de vignes dont il est question ici pour pouvoir en rendre compte exactement, et que l'opuscule de M. Adolphe Sattler, auquel nous avons emprunté une partie des renseignements qui précèdent, est rédigé en des termes si clairs et si précis qu'il nous fait regretter que d'autres viticulteurs et agriculteurs de notre province ne choisissent pas la même voie pour faire connaître au public les observations résultant de leurs travaux et de leurs expériences.

XIX.

Depuis bien des années, les journaux politiques et agricoles de notre province publient régulièrement, au mois de juin, c'est-à-dire vers l'époque de la fenaison, des articles ayant pour but de démontrer que la récolte des foins est pratiquée en Alsace suivant d'anciens errements, et contrairement aux progrès réalisés ailleurs dans le domaine agricole.

Partisan sincère du progrès, et comprenant la nécessité de substituer des procédés rationnels à la routine et aux préjugés, nous croyons néanmoins devoir combattre hautement les erreurs souvent propagées du haut des chaires scientifiques, et qui ont ce défaut regrettable d'être basées sur des théories abstraites, tandis que la vraie science agricole, conforme à la grande variété des climats, des sols et des conditions économiques du pays, ne saurait être édifiée que sur des méthodes expérimentales, guidées et éclairées par des données ou des principes scientifiques.

C'est ainsi qu'en 1861 M. Perrot, rédacteur du *Bulletin agricole du Bas-Rhin*, avait entrepris de démontrer que la fenaison, telle qu'elle est pratiquée en Alsace, devait avoir pour conséquence inévitable un *épuisement prématuré* de nos prairies : La fenaison, disait-il, au lieu d'avoir lieu au moment de la maturité des plantes, devrait être exécutée avant la formation de leurs graines, et au moment où la floraison se termine chez les variétés dominantes parmi les herbes de la prairie , car c'est à ce moment que les tiges, gonflées de sucs, fournissent à la fois les récoltes les plus abondantes et les plus nutritives.

Nos agriculteurs objectèrent à M. Perrot qu'une grande partie de nos prairies avait annuellement besoin d'une certaine quantité de semences pour perpétuer leur végétation , et que, par conséquent, la formation des graines était indispensable pour opérer cet ensemencement périodique.

Cette objection , fondée sur des expériences pratiques et, on peut le dire, séculaires, fut considérée par l'honorable rédacteur du *Bulletin du Bas-Rhin* comme une erreur patente, car, s'écria-t-il, « comment voulez-vous que la semence se loge, lorsque le sol est couvert de tous ces vieux gazons et de toutes ces mousses qui le rongent ? »

Nous ne nous arrêterons pas à cette réponse si contraire aux notions les plus élémentaires de la physiologie végétale, et surtout de la praticulture : en effet, tout cultivateur praticien sait qu'une prairie *rongée par des mousses* est sur le point de dépérir, et que , pour empêcher ce dépérissement, la destruction des mousses envahissantes opérée à l'aide d'engrais potassés, de l'eau et d'ensemencements souvent renouvelés, est nécessaire.

En 1866 , lors de la fenaison , le savant botaniste M. Buchinger, reprit la thèse soutenue par M. Perrot, et, dans le rapport sur une excursion qu'il fit au domaine de M. Schattenmann [1], il constatait les mêmes faits signalés par M. Perrot, et exprimait des conclusions identiques.

[1] Voy. *Courrier du Bas-Rhin* du 7 juillet 1866.

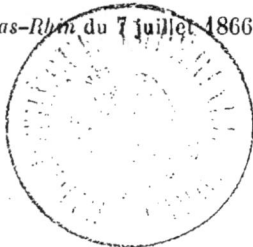

13

En 1868, dans la première quinzaine du mois de juin, le *Journal de Belfort* s'occupait à son tour de la même question qui lui parut, à juste titre, très-importante au point de vue de l'alimentation publique. « En Alsace, disait-il, on a l'habitude *de laisser sécher l'herbe sur pied*, sous prétexte qu'avec une parfaite maturité les graines se disséminent et se resèment d'elles-mêmes. C'est une explication, mais ce n'est pas le motif vrai pour la *plupart des propriétaires*. Ceux-ci pensent qu'en donnant aux tiges le temps de passer à l'état ligneux, le foin pèse davantage, et par conséquent se paie mieux que lorsqu'il est coupé jeune. L'intérêt personnel y trouve son compte ; mais l'alimentation du bétail en souffre, les vieilles tiges étant moins nutritives que le foin tendre et parfumé. C'est pourquoi on voit les Suisses, qui nourrissent eux-mêmes leur bétail, et qui profitent directement des produit qu'il donne, renoncer à une pratique surannée dont les résultats ne trompent plus que des *acheteurs novices*. L'entretien d'une prairie dépend plutôt de l'engrais qu'on y consacre et d'un bon système d'irrigation, que des graines qu'elle recueille quand on la fauche tardivement. Il est plus simple de semer en temps opportun des graminées de choix et de récolter son foin au moment de la floraison : c'est tout profit pour l'agriculteur qui sait que le fourrage parfaitement alimentaire est pour ainsi dire plus précieux que l'argent. »

Ce sont là de véritables sophismes que nous croirions devoir réfuter s'il ne tombait pas sous le bon sens du lecteur que l'on ne rencontre que fort rarement des acheteurs tellement *novices* qu'ils ne savent pas distinguer le foin qui a *séché sur pied* de celui qui a été récolté en de bonnes conditions : le premier, au lieu

99

d'être plus lourd que le second, est plus léger ; sa couleur, au lieu d'être d'un vert foncé, est jaune ou brune ;
et, au lieu d'avoir une odeur *parfumée*, son odeur est
d'une insipidité complète. Et d'ailleurs, si ce foin insipide
était mieux payé que le foin de bonne qualité, comme le
soutient le *Journal de Belfort*, faudrait-il en faire un
grief contre l'agriculteur qui le produit, et dont l'industrie, comme toutes les industries du monde, est soumise
à cette vérité économique qui nous enseigne que c'est
la *demande* qui provoque *l'offre* ?

Après le *Journal de Belfort*, c'est l'honorable M. Jacquemin, professeur de chimie à l'Ecole supérieure de
pharmacie de Strasbourg, et l'un des membres les plus
actifs de la *Société des sciences, agriculture et arts du
Bas-Rhin* qui, dans la même année, entreprend une
véritable croisade contre les praticulteurs alsaciens. A
ses yeux, l'exploitation des prairies laisse généralement
à désirer dans notre province, tant sous le rapport du
rendement des produits, qu'au point de vue de la qualité.
Avec M. Perrot, M. Jacquemin soutient que la fenaison
qui n'est faite qu'après la floraison des graminées épuise
le sol de la prairie et que, par conséquent, elle devrait
avoir lieu lorsque les trois quarts des espèces qui forment
la prairie sont en fleurs : « Avant ce moment, dit-il, l'in-
suffisance du développement ferait perdre sur la *quantité* ;
après cette époque on perdrait, sur la *qualité*, sans que
cette perte soit compensée par une augmentation de
produit.

Nous ferons remarquer à M. Jacquemin que la qualité
est relative et ne saurait, par conséquent, être déterminée
d'une façon absolue. Le foin qui a atteint toute sa maturité est partout préféré pour la nourriture des chevaux ;

il est encore préféré pour la race bovine dans les exploitations où il est haché et mélangé avec des betteraves, des carottes et des navets ; par contre on attribue au foin tendre la faculté d'augmenter chez les vaches les qualités lactifères. Pour se conformer aux préceptes de M. Jacquemin, il faudrait donc que le cultivateur fît deux coupes de foin à des époques différentes, et qu'il séparât sur son grenier, la coupe précoce de la coupe tardive. L'avantage qui résulterait de l'observation de cette distinction des qualités compenserait-il la dépense de temps, l'augmentation des frais et des travaux que ce procédé réclamerait ? C'est là une question économique, qui, pour recevoir une solution, nécessiterait l'examen des conditions dans lesquelles est placé le cultivateur : l'emplacement dont il aurait besoin, le régime auquel est soumis son bétail, les ouvriers dont il dispose, et enfin, les travaux qui précèdent et qui suivent la fenaison et qui à leur tour réclament un temps opportun, devraient faire l'objet de considérations sérieuses.

Quant à l'épuisement du sol attribué également par M. Jacquemin à la formation des graines, nul ne conteste que les plantes absorbent et choisissent, à partir de leur germination jusqu'à leur entière maturité, les éléments nutritifs renfermés dans le sol, mais cette absorption ne saurait, ce nous semble, servir de motif pour récolter l'une ou l'autre des plantes que nous cultivons, avant son entier développement, si ce développement a été reconnu comme nécessaire au double point de vue de l'économie et de l'alimentation des hommes ou des animaux.

Contrairement à M. Perrot, M. Jacquemin constate que le gazon des prairies n'empêche pas la germination des

graines : la mauvaise herbe, dit-il, qui d'ordinaire se reproduit par graines, se propage rapidement sur les
prés si on leur laisse le temps de mûrir. Disons donc tout
de suite que c'est précisément de la lutte qui s'établit
entre les bonnes et mauvaises graines que dépend, en
grande partie, la durée, la fertilité ou l'infertilité des
prairies.

En effet, les graminées qui composent une prairie sont
produites par des germes qui ont été déposés dans le sol
soit naturellement soit artificiellement. Ces germes se
développent, se propagent et se perpétuent, d'une part,
selon les conditions physiques et chimiques du sol et du
sous-sol, et, d'autre part, selon les conditions d'altitude,
d'exposition et de température. Si toutes ces conditions
sont favorables à la prairie, celle-ci prospèrera pendant
des siècles, et les herbes se reproduiront à l'aide des
stolons souterrains. Un ensemencement périodique devient ainsi superflu et la prairie peut être fauchée à toute
époque sans que son avenir soit compromis. Il n'en est
pas de même lorsque les conditions sont moins parfaites :
dans ce cas la multiplication ou la propagation des stolons souterrains s'opèrent lentement, difficilement ; les
prairies sont moins fournies d'herbes et les plantes adventices viennent bientôt disputer le sol aux plantes esti-
mées. Ces prairies ne sauront être maintenues en bon
état que par des soins multiples que devra donner le cultivateur et qui consistent dans des réensemencements réitérés,
dans les irrigations, dans des amendements, des fu-
mures, etc. Toutes ces conditions varient, non seulement selon les contrées et les climats, mais elles sont
même susceptibles de varier d'une commune à l'autre.
Or, la pratique, pour être rationnelle, doit varier à son

tour suivant les conditions physiques et chimiques du sol, et, nous le répétons, elle trouvera le guide le plus sûr dans des expériences réitérées.

Il faut donc conclure, d'après ce qui précède, que si en Suisse, par exemple, et même sur le versant oriental des Vosges, où l'ensemble des conditions favorise à un si haut degré la production des herbages, on n'a pas toujours recours à des ensemencements plus ou moins périodiques, il ne s'ensuit pas absolument que ce procédé doit irrévocablement être taxé de routinier dans d'autres contrées où les mêmes conditions de prospérité n'existent pas.

Et d'ailleurs, depuis que la stabulation est introduite dans le plus grand nombre des exploitations agricoles, on peut constater que le rôle joué par le foin a subi des modifications sensibles ; il ne sert plus de fourrage principal, et les pailles de froment, d'orge et d'avoine, auxquelles on reconnaît aujourd'hui des qualités nutritives qui leur étaient contestées autrefois, lui servent d'auxiliaires et sont, le plus souvent, hachées et mélangées aux betteraves, aux carottes, aux navets, ainsi qu'aux résidus des distilleries et des brasseries. C'est là, du reste, un fait qui serait suffisamment confirmé par les nombreuses inventions de coupe-racines et de hache-pailles , si , depuis une quinzaine d'années, le fait n'était pas également attesté par le prix si élevé des pailles qui atteint presque partout le prix des foins et des regains.

Nous engageons donc les cultivateurs alsaciens à ne pas s'inquiéter outre mesure de la maturité plus ou moins avancée des foins au moment des récoltes ; à ne pas faucher au hasard, mais à bien consulter tous les indices indiquant ou la variabilité ou la stabilité de la température, car c'est d'une température stable et sereine, d'une dessiccation soignée et prompte que dépend, à part les influences du sol, la qualité des foins. Nous leur dirons encore de hâter la première coupe des herbes si l'état des prairies est à même d'en produire une deuxième et une troisième, mais de ne rien sacrifier de la première si les coupes subséquentes étaient incertaines ; de faire usage des réensemencements, soit naturels, soit artificiels, si la reproduction souterraine des graminées est affaiblie ; et enfin de mettre toute leur attention aux irrigations à l'aide desquelles la production fourragère pourrait être doublée et même triplée si nos administrations départementales et communales étaient pénétrées de cette vérité si souvent mise en lumière, à savoir : « que celui qui parvient à faire pousser deux brins d'herbe là où n'en poussait qu'un seul, a bien mérité de la patrie. »

XX.

Sommaire. — La science et la pratique. — La fenaison en Suisse et dans le midi de la France. — De l'action de l'eau sur la végétation des prairies. — Observations hydrologiques faites par M. Ch. Grad. — Formules de la thèse que nous soutenons.

Renoncer aux préjugés scientifiques, et en même temps aux procédés empiriques, tel nous semble être l'un des progrès les plus importants à réaliser dans le monde agricole. A l'heure présente, nous croyons pouvoir comparer la science à une jeune femme, belle et puissante, portant sur son front le millésime du dix-neuvième siècle ; tandis que la pratique, courbée par l'âge, ployée sous le poids des services qu'elle a rendus aux générations éteintes, n'avance que lentement et péniblement dans la voie nouvelle qui lui est désignée à la fois par les aspirations, les découvertes, et les progrès de la civilisation qui, il faut le dire, marche à pas rapides.

Mais, si le caractère de la femme à cheveux blancs consiste malheureusement dans une exagération des vertus de patience, persévérance et ténacité, vertus vulgairement traduites par les expressions de routine et d'empirisme, par contre, ne peut-on pas reprocher à sa jeune et brillante rivale d'être parfois trop fière de son origine récente? d'avoir une tendance à se croire infaillible? et d'être plus ou moins animée de préjugés?

Par préjugés, ou plutôt par erreurs scientifiques nous entendons désigner ces conclusions qui sont fondées sur des théories et des méthodes inductives; c'est-à-dire, qui sont fondées sur le procédé par lequel l'esprit, allant au-delà des faits qui lui servent de point de départ, conclut du particulier au général.

C'est ainsi qu'à propos de la fenaison, qui a fait l'objet de notre dernier chapitre, un savant chimiste du Bas-Rhin dont nous nous plaisons à constater le zèle et les services rendus à l'agriculture, préconise les coupes hâtives, et persiste à en recommander l'exécution dès le premier jour du mois de juin [1].

« Ce système d'exploitation, dit l'honorable M. Jacquemin, n'est pas nouveau, on ne saurait l'accuser de sortir du cerveau d'un théoricien : il est pratiqué dans presque toute la Suisse au plus grand avantage du bétail, et sans que la végétation des prairies cesse d'être plantureuse;

---

[1] Voy. Bibliothèque alsacienne, 26 juin 1869.

il est pratiqué dans le midi de la France, où le propriétaire procède à la fenaison dès que les plantes sont fleuries,
irrigue ensuite et fait successivement jusqu'à trois et
quatre coupes. »

« Si l'on venait à douter, ajoute M. Jacquemin, des
affirmations de la science appuyées sur la pratique, trouver
les Suisses trop radicaux et les agriculteurs du Midi trop
aventureux, nous conseillerons d'adopter tout au moins
une exploitation mixte, d'avancer la fauchaison quatre
années de suite et de revenir la cinquième aux anciens
errements : ce serait un attermoiement, mais le progrès
serait aux quatre-cinquièmes réalisé. »

Nous nous associons de tout cœur à ce dernier conseil
qui invoque, comme juge suprême, l'expérience. Quant
aux arguments qui le précèdent, ils nous paraissent
très-contestables par la raison toute simple que nous ne
voyons pas la possibilité d'établir un juste parallèle entre
la végétation prairiale du midi de la France, entre celle
des montagnes de la Suisse et celle des plaines de l'Alsace.
Si la fenaison est plus hâtive dans le Midi, c'est sans
doute pour des raisons analogues à celles qui engagent
les populations méridionales à faire leurs vendanges bien
avant celles de l'Alsace, et même à rentrer les produits
de la vigne avant que les raisins aient atteint leur maturité complète, tandis que, chez nous, la maturité complète constitue la condition essentielle de la qualité des
récoltes.

Pour ce qui concerne la Suisse, il n'est pas difficile de
constater également la grande différence des conditions
climatériques et géologiques dans lesquelles est placée
l'exploitation de ses prairies ; il suffit, à ce sujet, de se
rappeler l'influence de l'eau sur la culture des graminées.

14

En chimie, dit Liebig dans ses *lettres sur l'agriculture moderne*, il n'y a point de phénomène plus merveilleux, ni plus propre à confondre toute la science de l'homme, que celui qui nous est offert par l'action exercée par les eaux sur le sol arable. En effet cette action ne dépend pas seulement de la plus ou moins grande quantité de l'eau, de sa qualité, des éléments nutritifs qu'elle charrie, de sa température, mais encore du mouvement qui lui est imprimé par la déclivité des terrains ; il en résulte que les eaux qui s'écoulent lentement dans les plaines ne déposent que les substances les plus grossières qu'elles renferment, tandis que les substances les plus fines, et souvent les plus précieuses pour la végétation, ne s'en séparent que par l'effet d'un mouvement ou d'un frottement considérable.

C'est là, évidemment, l'une des raisons pour lesquelles les prairies des montagnes sont généralement plus vigoureuses, plus prospères et plus productives que celles des plaines. Toutefois, d'autres conditions qui, jusqu'à présent ont peu fixé l'attention des agronomes et que nous trouvons énoncées dans un travail fort remarquable de M. Ch. Grad, contribuent, à leur tour, à donner aux prairies, situées à de grandes altitudes, cette puissante fertilité qui permet aux habitants des montagnes de compter sur trois et quelquefois sur quatre coupes successives, tandis que dans les plaines d'Alsace, surtout lorsque les irrigations artificielles font défaut, le cultivateur s'estime heureux quand la première coupe lui est assurée et qu'elle est abondante.

« Les montagnes, dit M. Grad, en parlant des Vosges, reçoivent plus de neige que les plaines, en été les pluies y sont plus fréquentes ; par leur élévation et leur direction,

elles tendent à condenser les vapeurs que les vents amènent
sur leurs sommets. A l'influence de l'altitude et de la direction des montagnes sur la formation de la pluie, il faut
ajouter celle de la forme du relief : Qu'on se figure une
chaîne creusée de vallées profondes, étroites, aux parois
escarpées ; les rayons solaires échauffent beaucoup plus
vite l'air contenu dans ces bassins naturels que celui qui
repose sur le sol plat ou dans des vallées plus larges et
aux versants mollement arrondis : plus l'air de la vallée
s'échauffe, plus il s'étend et cherche à se mettre en équilibre avec les couches supérieures plus froides, provo-
quant la formation des nuages et leur résolution en
pluie. »[1]

Des pluies fréquentes et une chaleur concentrée en
été ; une épaisse couverture de neige qui garantit les
graminées contre les froids de l'hiver ; tels sont les agents
naturels qui favorisent, à un si haut degré, la végétation
des herbages dans les montagnes où, en effet, se réfu-
gient toutes les industries fondées uniquement sur la production du bétail et du lait.

Nous revenons donc à dire, qu'il nous semble impossible d'établir un parallèle entre l'exploitation des prairies
de la Suisse et celles des plaines d'Alsace. Assurément,
si le système d'exploitation que M. Jacquemin n'a pas
inventé mais qu'il préconise, est pratiqué dans *presque*
toute la Suisse au plus grand avantage du bétail, et sans
doute aussi au plus grand profit de ses habitants, c'est
peut-être moins dans le radicalisme de nos voisins qu'il
faut en rechercher les causes que dans les agents naturels
complétement indépendants de leur volonté. D'ailleurs,

[1] Essai sur l'Hydrologie du bassin de l'Ill, par Ch. Grad.

le mot *presque*, que nous venons de souligner , ne nous autorise-t-il pas à croire qu'en Suisse aussi, l exploitation des prairies n'est pas uniforme, et qu'elle y est également soumise à la nature du sol et a l'influence des altitudes.

En résumé, la thèse que nous soutenons consiste à démontrer : 1° que c'est à tort que l'on fait espérer à nos populations rurales d'obtenir deux, trois et même quatre coupes sur leurs prairies naturelles en appliquant les procédés en usage chez nos voisins de la Suisse et du midi de la France ; 2° qu'il est utile et nécessaire de réensemencer annuellement les prairies dont la végétation n'est pas vigoureuse ; 3° que le moment le plus favorable pour la fenaison est celui où les herbes et les fleurs ont atteint leur développement complet ; 4° que les principes alimentaires qui concourent à fournir aux animaux la meilleure nourriture ne se trouve répartis dans toutes les parties des graminées qu'à l'époque de leur maturité ; 5° que cette maturité n'a pas lieu régulièrement à des échéances fixes, et enfin 6° qu'au point de vue économique de la ferme l'expérience seule peut établir des règles certaines.

Disons encore que c'est en vue de ces expériences, qui jouent un rôle si considérable en agriculture, que nous avons applaudi récemment à la création de stations agricoles en Alsace, et que celles-ci nous semblent n'avoir d'autre but que de contrôler, et finalement de sanctionner les théories scientifiques par des méthodes expérimentales.

Quant aux accusations qui nous sont adressée sdans la *Bibliothèque alsacienne*, nous abandonnons au jugement de nos lecteurs à décider, si, par les énonciatious qui précèdent, ou par les appréciations que nous avons émises jusqu'ici, nous nous sommes rendu coupable « *de perpé-tuer vis-à-vis de la science d'injustes méfiances*» et de nous être fait le *champion du passé*?» Quelle que soit la sentence, elle ne nous empêchera pas d'exprimer à M. Jacquemin, l'éminent directeur de la station agricole de Strasbourg, à la fois la haute estime que nous portons aux nombreux travaux dont il a enrichi la chimie agri-cole, et les regrets que nous éprouverions si l'un ou l'au-tre des termes que nous avons employés avait dû blesser sa légitime susceptibilité.

XXI.

Sommaire. — La vigne au printemps de 1869. — De l'insecte désigné sous le nom de *ver de la vigne*. — Observations sur l'insecte. — Des caractères généraux de la chenille. — Appel aux naturalistes et aux Sociétés d'agriculture de l'Alsace.

De mémoire d'homme la vigne n'avait débuté dans des conditions plus favorables qu'en 1869 : favorisée par une température très-élevée dès le mois d'avril, elle se cou-vrit d'une immense quantité de *semences* qui promirent l'une des récoltes les plus riches qui aient jamais été faites. Malheureusement, vers la fin du mois de mai, des pluies non abondantes mais fréquentes, et une tempéra-ture si basse qu'elle n'atteignit souvent pas le douzième degré du thermomètre, vinrent arrêter cette puissante et hâtive végétation. C'est dans ces conditions fâcheuses que la vigne est entrée, et qu'elle a traversé presque toute la durée de sa floraison; aussi fut-elle envahie par un nombre prodigieux d'insectes que les journaux désignèrent sous le nom de *vers*. Les ravages causés par les soi-disant helminthes, qui se propagèrent avec une effrayante rapidité, firent disparaître, dans de nombreuses localités, tout espoir d'une vendange rémunératrice.

L'insecte destructeur n'est-il pas plutôt une chenille qu'un ver? — A quel genre, à quelle espèce appartient-il? D'où vient-il? — Telles furent nécessairement les questions que nous adressâmes à des viticulteurs très-expérimentés, mais les renseignements que nous en obtînmes furent d'autant plus incomplets et contradictoires que, depuis une assez grande série d'années, l'insecte destructeur ne s'était pas présenté en aussi grande compagnie et que, par conséquent, le dommage qu'il causait annuellement à la vigne n'avait pas fixé l'attention sérieuse du vigneron.

Voici les observations que nous avons été à même de faire relativement à la forme et aux mœurs de ces insectes : Ils apparaissent régulièrement, en quantité plus ou moins considérable, au moment de la floraison de la vigne, et disparaissent au moment où le grain du raisin s'est dépouillé complètement de son enveloppe florale. Ils choisissent de préférence les cépages à grains serrés, tels que les Tokay, les Bourgeois, les Knipperlé. Si le soleil est ardent, si les nuits sont chaudes, la floraison s'accomplit rapidement, et l'existence de l'insecte est éphémère ; c'est, en quelque sorte, un être mort-né. Si, au contraire, la température est froide et humide, son existence se prolonge pendant toute la durée de la floraison. Dans ce cas, il s'enveloppe de nombreux débris des enveloppes florales, c'est-à-dire des pellicules desséchées qui se sont détachées du grain du raisin; il en construit une sorte de nid tapissé intérieurement d'une toile fine semblable à celle des araignées, et entoure l'ensemble de cette demeure de fils blancs à peine visibles à l'œil nu. Le plus souvent on ne trouve qu'un seul insecte sur une grappe de raison; d'autrefois la grappe est attaquée par plusieurs insectes à la fois, mais dont chacun demeure isolé.

La longueur de l'insecte varie de 6 à 10 millimètres; sa grosseur ou son diamètre est d'environ 2 millimètres. Son corps, dont la couleur peut se comparer à celle du sucre-d'orge et présente même le brillant et la transparence de cette substance, est composé de douze anneaux. Sa tête, aussi large que le corps, est noire ou d'un brun foncé reluisant comme l'écaille; elle a d'ailleurs une ressemblance remarquable avec celle du hanneton. Le dessus du corps est arrondi, tandis que le dessous est plat et pourvu de huit pattes, également de couleur noire, mais dont les deux dernières sont moins apparentes que les six premières.

Lorsqu'on attaque l'insecte de front avec un objet pointu, il dresse la partie antérieure de son corps en l'air et se défend vaillamment avec ses pattes contre son agresseur. Il résiste assez longtemps aux piqûres d'une aiguille, tandis que sa mort est instantanée lorsqu'il est placé sur un objet qui renferme 25 à 30 degrés de chaleur. Cette circonstance explique la persévérance avec laquelle il a continué ses ravages pendant l'année courante.

Nous ignorons en quoi consiste sa nourriture principale. Se nourrit-il de substances végétales ou, plus particulièrement, de la sève qui circule dans la plante? — Ce qui est certain, c'est qu'il n'attaque pas la feuille; qu'il se niche entre les grains du raisin, et que le dommage qu'il cause consiste moins dans la perte de matières végétales

qu'il absorbe que dans le dépérissement du raisin qui
résulte d'un trou ou d'un creux que l'insecte pratique
tantôt au commencement , tantôt au milieu de la tige du
fruit. Il s'ensuit que toute la partie de la tige , située en
avant de ce creux, est privée de sève; dans cet état, elle
se dessèche rapidement, ses grains se réduisent en poussière, et finalement la moitié ou le raisin entier disparaît.

C'est ainsi que, dans un certain nombre de localités du
Haut - Rhin , où la vigne était surchargée de semences
avant la floraison , elle en était, après l'époque indiquée,
presque entièrement privée.

Une autre particularité que nous avons pu observer,
grâce à la persévérance du froid et de l'humidité pendant
tout le mois de juin, consiste dans la façon dont l'insecte
construit son nid. Ce nid est composé d'une enveloppe
très-mince de soie blanche entourée extérieurement de
matières végétales. Ces matières ont la couleur et la lé-
gèreté des feuilles mortes et sont reliées entre elles à l'aide
de fils blancs ou gris si fins qu'on ne peut les distinguer
qu'à la loupe. C'est encore à l'aide d'un fil qu'il tisse et
qu'il allonge ou qu'il raccourcit à son gré, que l'insecte
semble se déplacer et abandonner sa proie pour en saisir
une autre. Sa marche, d'ailleurs, est assez rapide et il
franchirait bien, en ligne droite , la distance d'un mètre
en moins d'une heure.

Le mode de locomotion de l'insecte semble donc dif-
férer complètement de celui des vers proprement dits :
Le ver, en se déplaçant, s'appuie sur l'une ou sur l'autre
de ses extrémités, il rampe ; il contracte isolément les
fibres circulaires de sa peau ; son corps diminue ou augmente de diamètre suivant le mouvement qu'il fait ; tandis que l'insecte qui nous occupe fait usage de ses pattes

et doit, par conséquent, être rangé parmi les êtres qui marchent.

Nous en concluons que l'insecte destructeur de la vigne n'est pas un ver, mais une chenille.

En effet, les caractères généraux de la chenille consistent, d'abord en un corps allongé composé de douze anneaux, en une tête écailleuse garnie de deux dents ; et ensuite, en un certain nombre de pattes qui varie entre huit et seize. Les six premières pattes sont invariablement écailleuses et les autres membraneuses. Toutes les chenilles ne sont pas velues ou couvertes de poils ; on appelle *chenilles rases* celles dont la peau est mince et presque transparente. Parmi celles-ci les unes ont la peau lisse et luisante comme si elles étaient vernies, d'autres l'ont matte. Celles qui n'ont que huit pattes sont les plus petites de toutes et la plupart d'entre elles appartiennent aux *teignes* qui se logent ordinairement, ou dans les fourreaux qu'elles se forment de différentes matières, ou dans l'intérieur des feuilles, des fruits ou des fleurs.

Est-ce parmi les *teignes* que nous avons à ranger la redoutable ennemie de nos vignes? — Nous n'hésiterions pas à le faire si l'histoire naturelle n'enseignait pas que la chenille est une larve qui, sortie de l'œuf d'un papillon, doit, par des mues et des transformations successives, retourner à l'état de l'insecte qui lui a donné le jour.

Or, nous ne connaissons point de viticulteur alsacien qui ait jamais remarqué le moindre indice de la présence d'un papillon auquel on pourrait attribuer le dépôt des œufs en question, ni la moindre trace d'une chrysalide fixée au cep de vigne après la floraison.

Nous en sommes donc à nous demander d'où vient

15

cette prodigieuse quantité d'insectes, juste au moment
de la floraison de la vigne, et qui envahit, en même
temps, tout le vignoble d'Alsace occupant, au pied du
versant oriental des Vosges, une superficie d'environ vingt
lieues de longueur? — Sont-ce les vents du sud et de
l'est qui les amènent, comme le prétendent un grand nombre de vignerons s'appuyant sur cette observation que,
dans les années où règnent les vents du nord et de nord-
ouest, ces insectes sont très-peu nombreux? — et enfin
que deviennent-ils après avoir accompli la phase de
leur existence qui les avait fixés sur la vigne? [1] —

Ce sont là des questions sur lesquelles nous désirons
fixer l'attention des Sociétés d'agriculture et des naturalistes de notre province ; nous le désirons d'autant plus
que ces insectes semblent être aborigènes en Alsace et
par conséquent inconnus dans les autres vignobles de
France et d'Allemagne. En effet, nous avons consulté un
grand nombre d'auteurs viticulteurs, mais nous n'y avons
vu faire mention que de la *pyrale*, chenille à 16 pattes ;
de l'*Altise*, coléoptère sautant d'un cep à l'autre ; de
l'*Eumolpe*, autre coléoptère qui, dans certaines contrées
cause souvent des ravages considérables ; de la *chenille
de la vigne* qui se nourrit de feuilles, mais qui est rousse
et velue ; et en dernier lieu, du terrible *Philoxèra*, pu-

[1] Nous avons mis, le 26 juin, un petit nombre de ces insectes
dans une boite fermée. Le lendemain les prisonniers s'étaient
échappés, nous ignorons comment, et il n'en restait que trois.
Ces trois prisonniers étaient encore très-vivants le 30 juin, mais,
dès ce moment, ils commencèrent à s'entourer d'une coque blanche. Deux d'entre eux n'ont pas réussi dans ce travail et ont
séché. Le troisième seul présente aujourd'hui, le 8 juillet, une
coque parfaite.

ceron si redouté des populations du midi, ainsi que d'une punaise phytophage, désignée sous le nom de *Nysius cymoïdes*.

Disons encore que, dans les vignobles d'Alsace, la génération spontanée a de nombreux partisans, et que beaucoup de vignerons prétendent avoir fort bien reconnu l'œuf, et même l'insecte à l'état rudimentaire, *sous* l'enveloppe florale de la vigne. On sait que cette enveloppe consiste en un léger tissu ou, comme nous l'avons désignée plus haut, en une légère péllicule qui, poussée par le pistil du grain, se détache de celui-ci pendant la floraison. Or, si l'insecte rudimentaire existait sous cette enveloppe, on pourrait croire, en effet, qu'un germe spontané lui donne la vie, attendu que le grain, sa tige et la branche qui les portent ne sont que des produits du printemps qui se développent sur le sarment, c'est-à-dire sur la branche - mère dont l'existence seule date de l'année précédente.

Quoi qu'il en soit de ces suppositions, le seul moyen de résoudre le problème si important au point de vue de la production vinicole en Alsace, consiste évidemment dans l'étude que voudront bien en faire les naturalistes et les sociétés d'agriculture, surtout celles de notre province. L'étude des mœurs de l'insecte, de sa nature et de ses transformations successives pourra seule nous indiquer les moyens à employer pour nous en préserver ou pour les détruire.

XXII.

Les vignerons d'Alsace coupent les herbes qui croissent dans les vignes, et qui parfois sont très-abondantes, dans le courant des mois d'avril et de mai. La plus grande partie de ces herbages est consommée par le bétail dans son état naturel ; une autre partie est séchée et employée, principalement par les petits propriétaires, comme fourrage sec en hiver. On attribue, à ces fourrages, la faculté de développer à un haut degré la production du lait chez les bêtes bovines. L'expérience, d'ailleurs, a démontré qu'il en est ainsi.

A leur tour les regains, coupés au mois de septembre, doivent avoir la propriété de produire de plus grandes quantités de lait que les foins. Toutefois, on a reconnu que les herbages provenant des vignes, ainsi que les regains, ont également, à l'état sec, une propriété échauffante qui devient dangereuse pour l'état sanitaire de l'animal, si l'effet qu'elle produit n'est pas tempéré par l'addition de fourrages rafraîchissants, ou au moins par l'addition de foin. Aussi, les marcaires soigneux des Vosges ont-ils l'habitude de ne fourrager du regain qu'une fois par jour.

Pour l'espèce chevaline, les herbes provenant des vignes, comme celles récoltées en automne sur les prairies, sont très-nuisibles, et les cultivateurs ne les utilisent qu'en temps de disette. Et pourtant, le regain provient absolument des mêmes prairies, du même sol, et des mêmes graminées que le foin. Ce n'est donc qu'à l'époque à laquelle les diverses coupes des herbes ont lieu, que l'on peut attribuer la différence constatée dans leurs qualités nutritives.

On a également remarqué que les foins coupés hâtivement sont moins favorables à l'espèce chevaline qu'à l'espèce bovine, que ceux qui ont atteint leur complète maturité. Nous avons cru devoir signaler ce dernier fait, dans l'un des articles précédents, à l'honorable directeur de la station agricole de Strasbourg.

M. Jacquemin a bien voulu nous répondre avec une courtoisie dont nous le remercions, et nous faire remarquer, qu'au point de vue de la chimie, les préférences accordées aux fourrages récoltés tardivement ne sont pas plus justifiables pour l'espèce chevaline que pour l'espèce bovine ; que le cheval consomme avec au moins autant, si ce n'est pas avec plus d'avidité, le foin obtenu hâtivement que celui récolté tardivement ; et, enfin, il fait observer que le degré de maturité d'un fourrage est mal compris lorsqu'on le fait dépendre de la formation de la semence des graminées.

« Personne, dit M. Jacquemin, n'ignore qu'une plante arrivée à un certain moment de son existence commence à décroître, et se dessèche à mesure qu'elle vieillit. Les chimistes ont suivi ces phases diverses de la vie des végétaux et ont constaté que la proportion de l'azote, par exemple, marche progressivement dans les herbes de nos prairies, pour décroître à partir de l'âge mûr. Est-il nécessaire, ajoute M. Jacquemin, de rappeler que l'âge mûr des plantes qui nous occupent arrive précisément à l'époque de la floraison, à l'instant où les organes floraux, entièrement développés, accomplissent l'acte de la *reproduction végétale* [1] ? — Il vient donc un moment où le poids de la matière sèche, ou foin, n'augmente plus, et où le poids de la matière azotée est sensiblement à son maximum ; c'est le moment de faucher, car, immédiatement après, matières azotées, phosphates, salines, convoyées par la sève, gagnent le sommet de la plante, c'est-à-dire la fleur, pour servir à la *fructification* [2]. Or, cette semence *est perdue* [3] en majeure partie, puisqu'elle tombe sur le pré naturellement, surtout pendant le fanage. »

A ces observations, M. Jacquemin ajoute les analyses suivantes :

[1] Le moment de la floraison n'est-il pas plutôt le moment de la fructification que celui de la reproduction ? Le moment de la reproduction végétale semble être celui où les épis, complètement formés, abandonnent leurs graines au sol pour y propager l'espèce et pour y reproduire de nouvelles générations. En d'autres termes : La floraison constitue le germe qui se reproduit d'autant plus facilement qu'il est plus près d'atteindre son complet développement.

[2] M. Jacquemin confond évidemment le moment de la fructification ou de la fécondation avec celui de la reproduction C'est, en effet, à partir de la floraison jusqu'au début de la maturité que les graminées se préparent pour la reproduction, et que l'azote et l'acide phosphorique se portent plus spécialement vers le sommet des plantes.

[3] Cette semence n'est perdue que pour la théorie défendue par M. Jacquemin. Pour le cultivateur, cette semence sert à la propagation des plantes.

STATION AGRONOMIQUE DE STRASBOURG.

Analyse d'un foin fauché le 27 mai 1868.

La dessication complète lui a fait perdre 143 pour mille.
Il renferme alors :

Matières organiques, carbone, hydrogène, oxygène	892,0
Azote.	19,7
Acide phosphorique	9,5
Acide silicique	25,4
Potasse et soude	22,3
Magnésie	3,6
Chaux	8,3
Acide sulfurique, chlore, oxyde de fer, alumine et perte.	19,2
	1000,0

Analyse du foin d'une prairie, séparée de la précédente par un champ de 25 mètres de large, fauchée seulement le 25 juin 1868.

La dessication complète lui a fait perdre 139 pour mille.
Il renferme alors :

Matières organiques, carbone, hydrogène, oxygène	909,2
Azote.	11,9
Acide phosphorique	5,4
Acide silicique	28,7
Potasse et soude	18,5
Magnésie	3,4
Chaux	7,6
Acide sulfurique, chlore, oxyde de fer, alumine et perte.	15,3
	1000,0

« Les conséquences, dit M. Jacquemin, d'écoulent d'elles-mêmes de l'examen de ces résultats analytiques : le foin récolté tardivement renferme bien moins d'azote et d'acide phosphorique, et par suite est de moins bonne qualité que celui des prairies fauchées hâtivement ; car

chacun sait que l'azote *est l'élément essentiel à la formation de la viande*, et que l'acide phosphorique est indispensable à la construction de la charpente osseuse des
animaux. »

Nous regrettons de ne pouvoir souscrire aux conséquences que M. Jacquemin fait découler de ces analyses.
D'abord, nous ferons remarquer que nous retrouvons,
dans l'une comme dans l'autre de ces analyses, exactement les mêmes éléments qui ne diffèrent entre eux que
par leur répartition quantitative. Or, dans l'état actuel
de la science, rien n'indique que l'azote et l'acide phosphorique jouent un rôle prépondérant dans la formation
de l'ensemble de la constitution des plantes et des animaux, et rien ne prouve que la valeur nutritive et les
propriétés hygiéniques des aliments doivent être appréciées uniquement suivant les quantités plus ou moins
grandes qu'en renferment les aliments.

Nous n'ignorons pas qu'il y a un certain nombre d'années seulement, la chimie considérait encore l'azote
comme agent suprême de toute nutrition. L'histoire entière
de la végétation, comme celle de la vie animale, disait
M. F. Rohart, réside dans l'azote, c'est lui qui est l'agent
nourricier universel, c'est-à-dire la source de la vie pour
les hommes, les animaux et les végétaux. Aussi, l'estimable chimiste proposait-il, en 1858, de désigner l'azote
sous le nom de « zotogène » c'est-à-dire qui engendre
la vie.

Mais, bientôt après, le célèbre chimiste Liebig démontra
que toutes les substances soit organiques (atmosphériques)
soit inorganiques (terrestres) ne forment entre elles qu'une
seule chaîne dont chaque anneau est indispensable aux
êtres vivants. L'azote, dit-il, prend une part active au

développement de la vie, mais il n'a, par lui-même, aucune efficacité dès que les conditions qui le rendent actif, font défaut.

D'un autre côté, nous en sommes à nous demander quelles sont les raisons pour lesquelles M. Jacquemin range l'azote, qu'il considère comme *l'élément essentiel* à la formation des viandes qui, soit dit en passant, renferment 55 p. 100 de carbone et seulement 15 p. 100 d'azote, parmi les éléments *inorganiques*? Serait-ce parce que M. Jacquemin a dû s'apercevoir qu'en rangeant, avec le plus grand nombre de nos chimistes, l'azote parmi les matières *organiques*, les analyses faites à la station agronomique de Strasbourg seraient toutes en faveur des foins coupés tardivement qui, en effet, renfermeraient ainsi 921,1 par mille de *matières organiques*, tandis que les foins coupés hâtivement n'en contiennent que 911,7 par mille. Nous croyons donc pouvoir dire que l'azote et l'acide phosphorique ne jouent pas des rôles prépondérants dans l'économie animale, et que chaque élément occupe, au même titre, sa place dans la création. Nous croyons pouvoir dire encore que les carottes et les turneps qui, cependant, ne renferment que de très-petites quantités d'azote, souvent que 2 grammes par kilog., ne sont pas moins utiles à l'éleveur que, par exemple, les pailles de pois qui contiennent de 15 à 20 grammes d'azote par kilogramme.

En somme, il résulte des chiffres établis par M. Jacquemin que le foin fauché le 25 juin renferme presque 10 par mille *moins* de matières organiques que celui fauché un mois après. Faut-il en conclure que l'une des deux qualités de foin renferme plus de substances nutritives que l'autre? Ce serait évidemment agir contraire-

16

ment à l'expérience qui démontre journellement que les animaux doivent trouver dans leurs aliments les principes dont ils sont eux-mêmes formés, et qui consistent en *matières grasses*, en matières riches en *carbone* (amidon, fécule, sucre), en *matières salines*, en *matières azotées* (albumine, fibrine, caséine, gluten). Fixer péremptoirement les quantités nécessaires à la nutrition de chacune de ces matières, ce nous semble aller à l'encontre des faits qui établissent que ces quantités doivent varier non-seulement selon les espèces, mais aussi selon les saisons et les climats, et surtout selon les destinations économiques et les travaux auxquels les animaux domestiques sont astreints. Or, si la science, à la suite d'admirables recherches et d'efforts continus, est parvenue à décomposer et à analyser les corps organisés, par contre, elle a été impuissante jusqu'à présent à constituer des corps vivants et se trouve, par conséquent, en face d'un grand nombre de phénomènes qui semblent ne pas lui permettre de préciser d'une façon absolue les proportions respectives des principes et des agents constituant la vie des hommes, des animaux et des plantes.

Il nous reste à enregistrer une rectification et à signaler une nouvelle publication. Dans un chapitre précédent, nous avions recommandé à l'attention de la *Société des sciences, agriculture et arts du Bas-Rhin*, l'opinion d'un viticulteur distingué de la commune de Riquewihr qui fait remonter l'abandon des *cépages hors rang* à l'origine des droits frappés sur nos vins par l'Allemagne. Nous avions exprimé, à cette occasion, nos regrets de voir la société en question ne pas partager cette opinion, et considérer les tarifs douaniers comme complètement étrangers à la question des progrès viticoles. Dans sa dernière séance la *Société des sciences, agriculture et arts* taxe nos lignes de critiques non méritées, et constate que l'opinion que nous lui prêtions n'était qu'une thèse soutenue par un seul de ses membres, et que, *loin de l'admettre, elle s'est prononcée péremptoirement contre* [1]. Nous nous empressons donc de rectifier notre erreur.

Disons encore que la même société, dont il faut constater l'activité, vient de publier, sous ce titre « *Nouveaux mémoires* » ses travaux de 1868-1869, en un volume de 224 pages. Ce volume renferme de précieux documents auxquels nous aurons souvent à revenir.

XXIII.

SOMMAIRE. — Communications faites par M. Schiélé, propriétaire viticulteur à Ammerschwihr. — La génération spontanée. — Opinions diverses relatives au ver de la vigne. — Moyens de préservation et de destruction. — Problèmes à résoudre.

A propos des ravages causés dans les vignobles d'Alsace, au printemps dernier, par un insecte désigné généralement sous le nom de *ver de la vigne*, nous disions dans une *revue* précédente que nous rangerions bien l'insecte dans l'ordre des lépidoptères si nous ne savions pas que, par des mues et des transformations successives, toute chenille doit arriver à l'état d'insecte parfait, c'est-à-dire à l'état de papillon.

Or, malgré nos nombreuses investigations nous n'avions

[1] *Voy.* Compte-rendu résumé de la séance du 2 juin 1869. Présidence de M. Lemaistre-Chabert. *Bibliothèque alsacienne* du 17 juillet.

pu obtenir des viticulteurs les plus distingués le moindre renseignement sur le papillon qui devait succéder à la chenille, objet de nos recherches. D'un autre côté, n'étant pas entomologiste, nous n'hésitions pas, en face de la gravité du fléau, à adresser un appel aux savants naturalistes et, en général, à toutes les personnes à même d'apporter quelques lumières dans une question, qui, incontestablement, est d'une haute importance au point de vue de la production vinicole de notre province.

Notre appel n'a pas été infructueux. Nous reproduirions volontiers ici les divers renseignements que nous devons à l'obligeance d'un certain nombre de viticulteurs, si le cadre de ces lignes n'était pas trop restreint. Toutefois, nous ne saurions passer sous silence les observations et les objections critiques qui nous ont été faites, d'ailleurs d'une manière fort courtoise, par l'un des viticulteurs les plus éclairés du Haut-Rhin, M. Schiélé, d'Ammerschwihr.

Disons, tout d'abord, que la génération spontanée à laquelle beaucoup de vignerons attribuent la présence de l'insecte ne paraît pas impossible à M. Schiélé. Il invoque, à cet égard, l'opinion de Leibnitz relative aux *monades* répandues dans l'univers et qui, selon le célèbre philosophe, seraient susceptibles de se revêtir, sous l'influence de conditions inconnues, de corps réels, et prendraient ainsi place sur les degrés les plus inférieurs de l'échelle des êtres organisés.

Nous ne nous arrêterons pas à cette question d'ailleurs si ardemment controversée, ces temps derniers, par MM. Pasteur, Pouchet, Joly, Darvin, et d'autres savants dont les noms sont également très-connus. C'est là, du reste, une question qui est soulevée presque périodiquement, de siècle en siècle, sans jamais être résolue et qui occupera sans doute encore les générations qui nous succèderont. Voici, par contre, les objections faite par M. Schiélé relativement aux mœurs et à la nature de l'insecte.

« L'insecte, dit M. Schiélé, dont nous paraissons ignorer l'origine, est parfaitement connu chez nos voisins d'outre-Rhin, et, dans son traité de viticulture M. de Babo en donne la description suivante : « Le ver, désigné sous le nom de *Heuwurm*, est l'un des ennemis les plus redoutables de la vigne. Il y fait des ravages considérables, durant la floraison. On l'y retrouve également en automne ; il prend, à cette époque, le nom de *Sauerwurm*. Ce n'est pas un *ver*, mais bien une petite *chenille verdâtre* entourée de filasses cellulaires et appartenant au genre des phalènes. Elle se fixe, pendant l'hiver, dans les fissures des écorces du cep d'où elle sort au printemps pour pondre ses œufs sur les semences de raisins qui lui servent de nourriture. Elle se transforme ensuite en chrysalide et au bout de quelques semaines en papillon. Sous cette dernière forme elle dépose dans le grain même du raisin déjà développé, de nouveaux œufs dont on peut voir éclore de nouveaux insectes en automne. Si ces insectes apparaissent en grand nombre, dit M. de Babo, ils détruisent parfois des récoltes entières plusieurs années successivement. »

Comme moyens de destruction de ces insectes, M. de Babo recommande de les pourchasser à l'aide d'aiguilles. Il conseille, en outre, de se servir de torches enflammées, et de secouer, pendant la nuit, les ceps de vignes de telle façon que les papillons, prenant leur essor, vont se brûler à la paille enflammée ; enfin, il indique, comme préservatif, le nettoyage du cep à l'aide de brosses, à l'entrée de l'hiver, ou encore, l'application d'une couche de lait de chaux.

M. Schiélé ajoute que si les jeunes vignes ont été, en 1869, moins ravagées par les insectes que les vieilles vignes, c'est d'abord parce que leur écorce est moins rugueuse et convient moins à l'insecte, et ensuite parce que la végétation vigoureuse de la jeune vigne résiste plus facilement au fléau.

Bien que les observations et la communication faites par M. Schiélé soient pleines d'intérêt, elles n'établissent pourtant pas une identité complète entre l'insecte dont parle M. de Babo et celui qui nous occupe jusqu'ici. Elles nous laissent, ensuite, dans une ignorance absolue relativement à la forme, à la couleur et à la dimension du papillon qui semble être resté invisible à l'œil observateur de M. de Babo comme à celui de nos vignerons.

On comprendra que pour trouver des moyens de préservation ou de destruction, il importe de connaître très-exactement non-seulement l'ordre mais encore le genre et la famille auxquels appartiennent les insectes destructeurs de nos récoltes. En effet, chaque famille d'insectes a ses mœurs particulières et se fixe plus volontiers sur une plante que sur l'autre. Parmi les lépidoptères comme parmi les coléoptères nous connaissons un certain nombre de familles très-dangereuses pour la vigne. Nous n'en citerons que la pyrale et l'eumolpe plus généralement connu sous le nom de gribouri. D'autres familles de ces insectes recherchent plus spécialement ou les arbres forestiers, ou les arbres fruitiers, ou les plantes graminées, ou les plantes légumineuses, et enfin, d'autres familles encore s'établissent dans la laine, dans le coton, etc. Nous

pourrions encore ajouter qu'un grand nombre de ces
familles sont cosmopolites, qu'on les retrouve presque
dans toute l'Europe, mais que d'autres se sont fixées
dans des zônes ou dans des contrées qu'élles ne quittent
jamais et que par conséquent nous n'avons point commis
de crime de lèse-majesté vis-à-vis de la science en disant
que l'insecte qui ravage nos vignes nous semble être
aborigène en Alsace, attendu que les auteurs français qui
se sont occupés de viticulture n'en font pas mention.

Disons encore que, pour la ponte des œufs, tous les
insectes, à quelque ordre qu'ils appartiennent, ont des
usages particuliers, que les uns les déposent en terre,
les autres dans les rameaux des arbres, dans des bois
pourris ou dans les fissures des écorces ; et que d'autres
enfin choisissent, parmi les nombreuses espèces de végétaux, soit sur pied soit entassés dans nos greniers, ceux
qui leur conviennent le plus et qui leur offrent le plus de
sécurité.

Or, c'est précisément parce que toutes ces particularités nous semblent ne pas avoir été observées jusqu'ici, par
nos viticulteurs, chez l'insecte qui pourtant leur est si
désastreux, que nous avons cru devoir y appeler toute
leur attention, car ce n'est, nous le répétons, que par la
connaissance des mœurs et des transformations successives de l'insecte que nous parviendrons à découvrir les
moyens les plus efficaces pour les détruire.
Parmi les moyens de préservation et de destruction
indiqués par M. de Babo comme parmi ceux indiqués par
le journal allemand, que nous avons cité plus haut, bien
peu nous semblent pratiques. En effet, poursuivre des
millions d'insectes à l'aide d'aiguilles ou de petites ci-

seaux, cela nous paraît être une entreprise coûteuse, entourée de nombreuses difficultés. Nous trouverons également très-irrationnel un badigeonnage, appliqué sur les pieds des vignes, aussi longtemps qu'il n'est pas parfaitement démontré que les pieds de vignes servent de refuge à l'insecte.

Que le propriétaire d'un jardin qui possède quelques treilles ou quelques centiares de vigne s'arme des instruments que l'on nous désigne, nous le comprendrons; mais que le viticulteur qui possède deux, trois ou quatre hectares de vigne dont chaque cep a été, au printemps 1869, chargé en moyenne d'environ cinquante raisins logeant chacun un certain nombre de vers, ait recours au même moyen, ce nous semble devoir être complètement inefficace et même dérisoire.

Il en est peut-être de même des torches flambantes? — Et d'ailleurs il faut ne pas oublier que ces persécutions doivent avoir lieu pendant la floraison, c'est-à-dire juste au moment où les auteurs viticulteurs sont d'accord pour recommander de ne pas toucher à la vigne, et enfin juste au moment où la terre a reçu sa première façon ayant pour but non-seulement la destruction des plantes adventices mais aussi celui de rendre le sol souple, léger accessible aux influences atmosphériques. Faire entrer dans la vigne, à ce moment, de nombreux ouvriers, confier à des mains peu habiles un travail si minutieux et si délicat, ne serait-ce pas agrandir le mal plutôt que d'y remédier?

Nous en concluons donc que, malgré les études relatives à l'insecte, faites par nos voisins d'outre-Rhin, la nature et les mœurs de l'ennemi de nos vignes, ainsi que les moyens pour le détruire, sont encore à l'état d'un problème qui attend sa solution.

Quant aux écorces lisses et à la vigueur de la végéta-tation des jeunes vignes, propriétés auxquelles M. Schiélé attribue la faculté d'avoir pu résister au fléau en 1869, nous nous garderons bien de les contester, attendu que nous n'avons point de preuves qui nous serviraient d'ap-pui. Disons, néanmoins, que bon nombre de viticulteurs considèrent cette résistance comme la conséquence d'une floraison hâtive qui était en partie accomplie au moment où le froid et les pluies sont survenus.

Quoi qu'il en soit de cette dernière question, nous nous empressons de faire nos remerciments à M. Schiélé des communications qu'il a bien voulu nous faire. Nous sommes persuadé que si un certain nombre de viticul-teurs des plus instruits voulaient suivre attentivement les diverses phases de la transformation de ces insectes ravageurs, on parviendrait tôt ou tard à découvrir des remèdes sinon pour combattre entièrement le fléau, du moins pour en atténuer les désastreuses conséquences.

XXIV.

SOMMAIRE. — L'entomologie et ses difficultés. — Encore le ver de la vigne. — Données scientifiques communiquées par M. *Henri de Peyerimhof*. — Les générations successives du *Tinea Ambiguella*. — Une instruction émanant du Ministre du commerce du grand-duché de Bade. — Diverses questions à résoudre.

Nous pensons ne pas nous exposer au reproche de consacrer ici une trop large place à l'étude d'un insecte qui porte parfois de si grands préjudices à l'une des plantes qui contribuent le plus à la fortune agricole de l'Alsace. Nous pensons même pouvoir exprimer le regret que l'entomologie, c'est-à-dire la branche de la zoologie qui traite de l'histoire des insectes, n'ait pas encore assez fixé, surtout dans ses rapports avec l'agriculture, l'attention des agronomes. Toutefois, cette indifférence s'explique, d'abord par l'aversion que nous inspirent généralement les insectes, et ensuite par le mépris qu'on leur porte et qu'on leur a porté, à tel point qu'à la fin du siècle dernier le savant Réaumur croyait devoir se justifier devant l'académie des sciences de Paris de l'entraînement irrésistible qui l'attirait vers l'étude des insectes.

D'autre part, cette indifférence s'explique encore par les grandes difficultés qui entourent l'étude de ces millions de petits êtres dont un grand nombre d'espèces ne sont visibles que lorsque nos yeux sont armés de verres grossissants.

Néanmoins, nous sommes persuadé que la nécessité d'augmenter les ressources alimentaires porteront peu à peu les agriculteurs vers l'étude de ceux des insectes qui sont les plus grands ennemis de leurs récoltes, et que l'entomologie occupera tôt ou tard une place, si minime qu'elle soit, et dans l'enseignement primaire et dans la science agricole.

Nous n'avons d'ailleurs qu'à nous féliciter d'avoir adressé un appel à la science et à l'expérience des natu- ralistes et des viticulteurs de l'Alsace, afin d'obtenir d'eux des renseignements sur le redoutable insecte à la présence duquel il faut attribuer en grande partie, cette année, le faible rendement de nos vignes. Nous avons déjà rendu compte de diverses communications qui nous ont été faites à ce sujet et il ne nous reste qu'à résumer brièvement celle qu'à bien voulu publier, M. Henri de Peyerimhof.

Il en résulte :

1° Que l'insecte n'est autre que celui désigné successi- vement sous les noms de *Tortrix Roserana*, de *Tortrix Omphaciana*, et qui finalement a été rangé dans le genre *Onchylis*, de la famille des *Tordeuses*, sous la dénomina- tion de *Tinea Ambiguella*.

2° Que l'insecte ne vit pas seulement aux dépens de la vigne, mais qu'il se nourrit aussi d'autres plantes.

3° Qu'il apparait généralement du 1er au 15 mai sous la forme d'insecte parfait, c'est-à-dire sous la forme d'un papillon de 8 millimètres de longueur dont les ailes, re- pliées sur le corps en toit aigu, sont d'un jaune paille vif, et traversées chacune en son milieu par une bande trian- gulaire noirâtre.

4° Que l'insecte parfait demeure immobile pendant la journée et ne prend son essor qu'à la brune.

5° Qu'après l'accouplement, la femelle dépose isolément ses œufs sur les jeunes pousses de la vigne, et que vers le commencement du mois de juin, c'est-à-dire vers l'époque de la floraison, les chenilles éclosent de ces œufs.

6° Qu'en sortant de l'œuf, la chenille se met à l'abri d'une toile qu'elle tisse et qu'elle étend, au fur et à mesure de sa croissance, sur un grand nombre de grains.

7° Que la chenille, arrivée au terme de sa croissance, ce qui a lieu au bout de quinze jours ou trois semaines, fait son cocon et se transforme en chrysalide.

8° Que, vers le milieu du mois de juillet, la chrysalide se transforme en un papillon qui, à son tour, dépose des œufs et donne naissance à une deuxième génération de chenilles.

9° Qu'on trouve de ces chenilles *jusqu'à la fin de septembre*, époque à laquelle elles se sont toutes enfermées dans leur cocon, d'où elles ne sortent qu'en mai suivant, à l'état d'insectes parfaits [1].

10° Que la chenille est d'un brun verdâtre pâle, qu'elle a la tête et le dessus du premier anneau écailleux et

[1] M. de Peyerimhof voudra bien nous permettre de lui faire remarquer ici que les chenilles écloses vers le milieu du mois de juillet resteraient ainsi à l'état de larves pendant près de dix semaines, c'est-à-dire du milieu du mois de juillet jusqu'à fin septembre, tandis que les larves de la première génération terminent leur phase d'existence au bout de quinze jours ou trois semaines. Des renseignements qui nous ont été communiqués par un viticulteur du grand-duché de Bade et que nous reproduisons plus loin, nous semblent de nature à donner quelques lumières à cet égard.

enfin que l'insecte existe habituellement et communément
en Alsace.

Nous avons tout d'abord à remercier le savant et zélé
entomologiste de l'intérêt qu'il a témoigné, par sa publication, à la viticulture alsacienne. Les renseignements
donnés par M. de Peyerimhof s'accordent d'ailleurs parfaitement avec les observations que nous avons pu faire
nous-même sur les chenilles que nous avions conservées.
Néanmoins, nous devons faire remarquer que la couleur
de ces chenilles, qui appartenaient à la première génération de l'insecte, était d'un blanc sale et que la couleur
des chenilles provenant de la deuxième génération était
d'un rouge pâle et identique à la couleur des vers de
terre ordinaires. Ajoutons pourtant que des viticulteurs
de Kaysersberg et d'autres localités encore ont constaté
que les chenilles qu'ils ont observées étaient bien de la
teinte indiquée par M. de Peyerimhof. Nous croyons
pouvoir déduire de ces diverses observations que les
chenilles subissent plus ou moins les influences de circonstances locales; nous le pensons d'autant plus que
nous avons cherché en vain à découvrir distinctement
sur l'aile du petit papillon la bande noirâtre indiquée par
l'honorable entomologiste.

Quoi qu'il en soit de ces signes caractéristiques, qui
d'ailleurs ne jouent qu'un rôle secondaire dans la question qui nous occupe, le problème le plus important au
point de vue de la viticulture est résolu en ce sens que
le vigneron saura désormais que le papillon qui lui semblait introuvable jusqu'ici n'est pas à comparer avec ces
magnifiques papillons dont les ailes, si diversement colo-
rées, brillent au soleil du printemps; mais que c'est un
être fort petit, plus petit même qu'une mouche domesti-

que, et qui peut facilement être confondu avec ces nombreuses mites et ces innombrables moucherons qui exercent leurs ravages à l'ombre de la nuit. Il saura également que les générations de l'insecte se succèdent l'une
à l'autre pendant l'été, ce qui explique ce fait depuis
longtemps mais empiriquement établi, que la pourriture
du printemps engendre la pourriture de l'automne.

N'oublions pas de dire, à la satisfaction des départements limitrophes de l'Alsace, que le *Tinea Ambiguella*,
ainsi que nous l'avons prévu, n'est pas cosmopolite ; qu'il
franchit à peine les limites du Haut-Rhin dans lequel il
concentre toute son œuvre de destruction, mais que, par
contre, il fait souvent de grands ravages en Allemagne,
particulièrement chez nos voisins du grand-duché de
Bade.

Nous voyons, en effet, dans une INSTRUCTION adressée
la 28 juin dernier, par le ministre du commerce de ce
pays, à la direction de l'association horticole, que, dans
certaines contrées du duché, l'insecte avait fait, cette année, une invasion formidable. Ce fut donc en raison de
cette invasion que M. le ministre a cru devoir faire connaître, aux viticulteurs badois, d'abord les mœurs de
l'insecte et leur indiquer ensuite les moyens de destruction. Dans la description des mœurs qui correspond presque de tous points avec celle que nous reproduisons plus
haut nous voyons pourtant une phase de la vie de l'insecte qui semble avoir échappé à M. Henri de Peyerimhoff.

Si l'été est très-chaud, est-il dit dans cette instruction,
et l'arrière saison d'une température très-douce, la chenille provenant de la deuxième génération ne se transforme que superficiellement en chrysalide, au lieu de se

retirer dans les fissures des bois morts ou sous des mot-
tes de terre, elle se niche entre des feuilles roulées les
unes sur les autres. Dans ce cas il survient une *troisième* génération d'insectes parfaits, mais dont les œufs
sont souvent presque totalement détruits par les froids
de l'hiver. Il en résulte, ajoute l'Instruction ministérielle, que, pendant l'année qui suit une troisième génération, les insectes ne se présentent qu'en très-petit
nombre.

Si cette assertion est fondée — et nous n'avons aucun
motif pour en douter — on peut dire, contrairement à
l'opinion la plus répandue sur la vie des insectes que les
froids précoces sont favorables à la propagation du *Tinea
Ambiguella*; tandis qu'un automne dont la température
douce se prolonge bien avant dans l'hiver est désastreux
pour les ennemis de la vigne. Or, si ces observations sont
justes, nos viticulteurs pourront s'attendre à voir réap-
paraître une armée plus ou moins considérable de chenilles au printemps de 1870. [1]

Mais cette troisième génération, dont M. de Peyerimhof n'a pas fait mention, n'a-t-elle lieu qu'exceptionel-

[1] Nous regrettons de ne pas avoir des documents sur la température des mois d'octobre et novembre 1868. Toutefois nous
croyons pouvoir dire que l'automne n'était pas clément; il suffit
de citer les orages du 14 et les tempêtes des 24, 25 et 26 octobre qui furent suivis d'un froid assez vif. En somme la température du mois d'octobre semble avoir été celle d'une température
moyenne calculée sur un grand nombre d'années et a dû, par
conséquent, être plutôt contraire que favorable au développement d'une troisième génération qui, selon l'Instruction badoise,
constitue un remède héroïque pour la destruction des chenilles
qui nous occupent.

lement d'un côté du Rhin comme de l'autre? La différence du climat, si faible qu'elle soit, mais qui existe entre les diverses contrées soumises au ver de la vigne, n'a-t-elle pas une influence sur le nombre des générations qui ses uccèdent? — Faut-il admettre que l'existence des larves de la deuxième génération est deux fois, presque trois lois plus longue que celle des larves de la première génération? et enfin cette immense quantité de vers formant en quelque sorte une couverture vivante et que nous avons vue, cette année, au commencement d'octobre encore sur des cuves remplies de raisins, provenait-elle bien réellement des œufs éclos vers la fin de la deuxième quinzaine du mois de juillet?

Ce sont là des questions dont l'importance nous semble incontestable au point de vue des intérêts viticoles du Haut-Rhin, et que le viticulteur ne saura résoudre définitivement que par des observations locales et suivies.

Nous sommes persuadés que M. Henri de Peyrimhof, qui vient de leur donner des renseignements généraux sur les mœurs de l'insecte, ne refusera pas de leur prêter désormais son précieux concours dans l'étude des particularités locales qui caractérisent la redoutable conchylis.

Quant aux moyens de destruction, nous leur consacrerons le chapitre suivant.

XXV.

Suivant l'instruction ministérielle mentionnée dans la chapitre précédent, les zônes humides traversées par des cours d'eau, rivières ou fleuves, renfermant des lacs, seraient plus particulièrement soumises aux invasions des vers de la vigne. Dans le duché de Bade, en effet, ce sont les environs du lac de Constance et l'île de Reichenau qui constituent le siége principal des terribles insectes. En Alsace, on pourrait peut- être soutenir la même thèse et démontrer que le ver ne fait de ravages qu'au pied du versant oriental des Vosges où l'abondante production des fourrages, obtenue à l'aide de vastes irrigations, indique évidemment que le pays ne souffre pas de la sécheresse. Le fait est qu'en quittant la zône que nous désignons pour remonter vers les vignobles de Molsheim, de Wasselonne et de Saverne les traces du vers disparaissent complètement.

Si cette énonciation n'était pas fondée, il faudrait nécessairement rechercher ailleurs les causes pour lesquelles l'insecte destructeur choisit son séjour de prédilection dans les zônes que nous venons d'indiquer. Il faudrait surtout se demander s'il est vrai, comme on l'a affirmé [1], « que la plante saine ne nourrit pas les vers et que ce n'est que la plante malade qui les nourrit et les

---

[1] Voyez le journal l'*Alsace* du 27 octobre 1869.

propage. » Partant de cette opinion, il faudrait nécessairement admettre que les vignobles envahis par des vers
renferment le germe d'une maladie qui se développe à
de certaines époques plus ou moins favorables à ce développement?

C'est là une opinion qu'autrefois nous avons partagée
jusqu'à un certain point, et que nous avons même émise
dans un article précédent relatif aux pucerons qui depuis
deux ans font des ravages si considérables dans plusieurs
départements du Midi. *Heureusement*, nous soulignons
ce mot, il n'en est pas ainsi. En effet, une commission
composée de savants fort connus et de viticulteurs très-
distingués et chargée par la *Société des agriculteurs de
France* d'examiner les vignobles ravagés par le Philoxera,
vient de constater à l'unanimité que la nouvelle maladie
qui a parcouru si rapidement toute la rive gauche du
Rhône, provient uniquement du puceron.

Le problème à résoudre et posé à cette commission
était celui-ci :

« La présence de l'insecte est-elle la cause ou l'effet
du dépérissement de la vigne? »

La commission composée de seize membres parmi lesquels se trouvaient M. le baron Thénard, membre de
l'Institut; M. Grandeau, directeur de la station agricole
de Nancy; M. le comte de la Vergne, président de la
commission des vignes de la Société d'agriculture de
Bordeaux; M. de Parseval, membre de la Société de viticulture de Mâcon; M. Planchon, professeur de la Faculté
des sciences de Montpellier, etc., a reconnu unanimement
que l'origine de la maladie remonte à l'invasion des insectes.

D'ailleurs, dans la question qui nous occupe il faut ne

pas oublier qu'il ne s'agit pas du ver, proprement dit, mais bien d'une chenille, et que chaque année nos arbres les plus vigoureux, nos fruits les plus succulents, nos légumes les plus corsés, nos fleurs les plus saines et les plus brillantes deviendraient, sans les soins que nous leur donnons, plus ou moins la proie des chenilles. Assurément, nous n'avons jamais conclu de ces faits que tous ces végétaux doivent être atteints d'une maladie ou d'un malaise quelconque [1].

Nous croyons donc pouvoir dire péremptoirement que nos vignes ne sont pas malades et que la présence du ver n'a rien d'alarmant à cet égard.

A nos yeux cette présence ne saurait être que la con-séquence de la position topographique de l'Alsace, ou la conséquence de conditions météorologiques ou géolo-giques : une température très-variable, une terre privée d'éléments calcaires, un sol toujours humide pourraient fort bien constituer les conditions indispensables à la vie de l'insecte. Or, pour combattre l'influence de ces condi-

[1] Nous possédons un laurier rose qui, en 1862, était sur le point de dépérir. En examinant les racines du moribond nous y avons trouvé une quantité prodigieuse de fourmis et de larves de fourmis. Nous avons immédiatement enlevé l'arbrisseau de sa caisse et nous avons abandonné, soit dit en passant, les fourmis et leurs larves à des poules qui en firent table rase. Nous avons ensuite trempé le laurier, pendant deux jours et deux nuits, dans une cuve remplie d'eau, et, après avoir replanté le malade dans de la terre nouvelle, il a repris si bien qu'il jouit encore aujour-d'hui d'une santé pleine et entière. Or, affirmer que des végétaux sains sont susceptibles d'être dévorés par la vermine, ce n'est pas affirmer, comme le pense le correspondant de l'*Alsace*, « que le soleil tourne autour de la terre. »

tions quelles qu'elles soient, il faut apprendre à les connaître à l'aide d'observations continues. C'est là précisément l'étude sur laquelle il serait utile de pouvoir fixer
l'attention non-seulement des viticulteurs, mais aussi des
géologues, des naturalistes et même des météorologistes;
car, en face des phénomènes de la nature, il n'y a point
de limites entre les diverses branches des connaissances
humaines.

Ajoutons que s'il est vrai, comme le dit M. Henri de
Peyerimhoff, que le remède le plus sûr au fléau est dans
la nature elle-même, qu'il est bien rare de voir les ravages de chenilles, de sauterelles, de campagnols, etc.,
se produire plusieurs années de suite, et qu'à une multiplication subite et excessive succède généralement une
mortalité tout aussi exagérée et tout aussi prompte; il
n'est, par contre, pas moins vrai que bien des fléaux provenant de corpuscules sont venus, ces temps derniers,
s'abattre sur l'industrie agricole, et que ces fléaux per-
sistent depuis un grand nombre d'années. Nous n'en citerons que l'oïdium, la maladie des vers à soie, et enfin,
nous pourrons citer l'invasion même du *Philoxera* qui
date de 1863 et qui, depuis, prend d'année en année des
proportions plus alarmantes. En effet, le Conseil général
de Vaucluse a porté le nombre des hectares atteints et
presque entièrement détruits aujourd'hui au chiffre de
10,000. Disons donc, avec M. L. Vialla, rapporteur de la
commission dont il a été question plus haut, que « prêts
à accepter avec reconnaissance le secours providentiel,
s'il nous est envoyé, nous devons pour le moment ne
compter que sur nous-mêmes et ne pas nous lasser
d'observer et d'expérimenter ; c'est la voie la meilleure,
la seule qui conduise avec certitude au succès. »

Il nous reste à dire un mot des moyens curatifs. Toutefois, nous croyons devoir rappeler d'abord que l'insecte se présente sous ces formes distinctes : *œuf, larve, chrysalide* et *papillon*... Il est donc évident qu'une substance chimique ou autre pourrait être parfaitement propre pour la destruction des œufs ou des chenilles, et serait complètement impropre pour atteindre la chrysalide ou l'insecte parfait. L'efficacité des moyens employés dépend donc, plus ou moins, du moment choisi pour son application. Or, parmi les substances chimiques désastreuses pour les larves, M. Henri de Peyerimhoff a déjà indiqué les émanations de benzine, de pétrole et d'acide phénique ; mais, comme ces substances sont d'un prix plus ou moins élevé, on vient de recommander l'emploi de l'acide carbolique qui est très-actif et dont $1/_2$ à 1 p. 100 dans une dissolution d'eau doit suffire pour tuer les insectes. D'un autre côté, on recommande vivement l'emploi du gaz sulfhydrique, et enfin M. le baron Thenard conseille aux vignerons de mêler du plâtre aux fumiers employés ; cette substance, dit-il, bien moins chère que le soufre, dégage, quand elle est en contact avec les engrais, des produits sulfurés susceptibles de donner de bons résultats. Ajoutons que les tourteaux de colza, la farine de moutarde, les sulfates de fer et de cuivre ont été également recommandés [1].

Mais, toutes ces substances plus ou moins coûteuses n'atteindront peut-être pas l'insecte parfait, c'est-à-dire le petit papillon qui ne prend son essor que la nuit ? C'est

[1] Les viticulteurs, qui voudraient faire des essais avec ces substances, trouveraient facilement des renseignements sur leur prix et leur emploi, chez les pharmaciens de leurs localités.

l'insecte parfait qu'il importe pourtant de détruire principalement, d'autant plus que la femelle dépose une trentaine d'œufs sur la vigne. A cet effet, nous avons déjà
indiqué les torches flambantes qui sont également recom-
mandées par l'instruction ministérielle précitée. Mais le
moyen le plus simple, le plus à notre portée, et surtout
le moins coûteux, ne consiste-il pas à faire cesser
l'acharnement avec lequel nos populations campagnardes
persécutent nos oiseaux de nuit. Les chauves-souris, par
exemple, que nous voyons si fréquemment, les ailes étendues, clouées aux portes des granges, que l'on détruit
sur tous les clochers, sur tous les greniers, et dont le
nombre diminue d'année en année, ne sont-elles pas les
ennemis les plus redoutables des insectes dont les transformations successives ont été accomplies ? —

« La chauve-souris, dit Buffon, saisit en passant les
moucherons, les cousins, et surtout les papillons phalènes qui ne volent que la nuit ; elle les avale pour ainsi
dire tout entiers, et l'on voit dans ses excréments les débris des ailes et des autres parties sèches qui ne peuvent
se digérer. Etant un jour descendu, ajoute l'illustre
naturaliste, dans les grottes d'Arcy pour en examiner les
stalactites, je fus surpris de trouver sur un terrain tout
couvert d'albâtre, et dans un lieu si ténébreux et si profond, une espèce de terre qui était d'une tout autre nature ; c'était un tas épais et large de plusieurs pieds d'une
matière noirâtre, presque entièrement composée de por-
tions d'ailes et de pattes de mouches et de papillons,
comme si ces insectes se fussent rassemblés en nombre
immense et réunis dans ce lieu pour y périr et pourrir
ensemble. Ce n'était cependant autre chose que de la
fiente de chauve-souris, amoncelée probablement pen-

dant plusieurs années dans ces voûtes souterraines..... »

Ces lignes ne constatent elles pas une fois de plus cette vérité si souvent répétée, plus souvent méconnue, que tous les végétaux seraient détruits par les insectes si les oiseaux, véritables gardiens de nos récoltes, bien qu'ils en consomment une faible part, n'existaient pas. Protégeons donc les oiseaux, surtout les oiseaux de nuit, c'est là le remède héroïque placé par le Créateur lui-même à côté du fléau qui vient de ravager nos vignes.

XXVI.

SOMMAIRE. — Bilan de l'année 1869. — La société des apiculteurs du Bas-Rhin. — La société horticole de Colmar et le comice de Rouffach. — Fédération des sociétés agricoles du Haut-Rhin. — Mémoires publiés par la société des sciences, agriculture et arts du Bas-Rhin. — Rapport sur l'enquête agricole par MM. E. Tisserant et L. Lefébure. — Du projet de Code rural par M. A. Moll. — Bulletin de la société des vétérinaires d'Alsace. — Un dernier mot au lecteur.

L'année 1869 vient de s'écouler. Elle a été féconde en évènements politiques et occupera également une place considérable dans les annales de l'agriculture alsacienne. Dans le Bas-Rhin, c'est une société d'apiculture qui a été créée et qui a choisi pour président M. Bastian, auteur d'un ouvrage très-remarquable sur la conduite des ruches à miel [1]. Cette société, composée d'environ deux

[1] *Traité d'apiculture rationnelle et pratique.* 1 vol. in-18, orné de 40 gravures. Paris, librairie agricole.

cents membres, remplit en Alsace une lacune souvent signalée par les apiculteurs et réussira, bien certainement, à propager dans nos campagnes les procédés tant perfectionnés de l'industrie apicole chez nos voisins d'outre-Rhin.

Dans le Haut-Rhin, c'est d'abord à la *Société d'horticulture de Colmar* qui organisera également des cours d'arboriculture et de viticulture pratiques, que nous avons à souhaiter la bien-venue. Ensuite c'est un nouveau comice que nous avons à enregistrer et qui s'est formé dans l'une des contrées les plus fertiles de ce département ; ce comice comprend, dans sa circonscription, les cantons de Rouffach, Guebwiller, Soultz et Ensisheim. Les débuts de ce comice, les questions qu'il a abordées, les résolutions qu'il a prises font entrevoir que son honorable président, M. Schlumberger, et son savant secrétaire, M. Triponel, entendent donner une grande activité aux travaux de cette nouvelle société.

Le Haut-Rhin a vu également se réaliser un projet d'association dont les journaux de la province ont fait ressortir, à diverses reprises, et les avantages et l'opportunité ; nous voulons parler de la fédération à laquelle ont adhéré toutes les sociétés agricoles du Haut-Rhin, et qui est fondée sur le double principe de la centralisation et de la décentralisation. Cette fédération est aujourd'hui un fait accompli et s'est réalisée à l'aide d'un comité central chargé de réunir en un seul faisceau les travaux et les efforts faits isolément par les sociétés agricoles du département. Toutefois, nous avons, à cet égard, à exprimer un regret, celui de ne pas avoir vu jusqu'à présent les sociétés du Bas-Rhin adhérer, à leur tour, à cette association dont le but consiste évidemment à réunir des forces éparses et de donner à l'agriculture, si longtemps reléguée sur l'arrière-plan, la place qu'elle doit occuper parmi les industries les plus considérables du pays.

Parmi les publications qui ont paru en Alsace pendant l'année 1869 nous avons à signaler, en premier lieu, les *Nouveaux mémoires* de la *Société des sciences, agriculture et arts* du Bas-Rhin : ces mémoires forment deux volumes très-substantiels. Le premier renferme les nombreux et intéressants travaux de la savante Compagnie et est précédé d'un excellent discours prononcé par M. le baron Pron, préfet du département.

« L'agriculture, disait M. le Préfet, est une science qui « s'apprend comme les autres. Jusqu'à ces derniers temps, « elle est demeurée à l'état embryonnaire, elle n'est pas « sortie du domaine de l'expérience pratique. Elle tend « aujourd'hui à prendre son essor, à se développer comme « toutes les autres branches de l'intelligence et de l'acti- « vité humaines. La raison du retard qu'elle a subi est « dans ce fatal préjugé qui considérait le laboureur, le « paysan, homme attaché à la terre, le vilain, comme « exerçant une œuvre vile et non pas un art libéral. »

Nous sommes parfaitement d'accord avec M. le préfet quand il ajoute « que ce sera une des gloires de Napo- « léon III d'avoir *provoqué* l'émancipation des masses « agricoles ; » mais nous croyons devoir faire remarquer à l'honorable magistrat que cette émancipation n'a pu s'accomplir d'un jour à l'autre, qu'elle sera une œuvre longue et laborieuse, qu'à l'heure présente elle nous semble se trouver, à son tour, à l'*état embryonnaire*, et que nous pensons que c'est précisément pour hâter le développement de ce germe rudimentaire que les sociétés

agricoles du Haut-Rhin ont dû juger à propos de fonder
la fédération dont nous avons parlé plus haut et que nous
recommandons, par conséquent, à la bienveillante attention de M. le baron Pron.

Le deuxième volume des *Nouveaux mémoires* est occupé entièrement par le travail de M. Eug. Oppermann.
Il est intitulé : « *Etat de l'agriculture du département du
Bas-Rhin et moyens de l'améliorer.* » Ce travail, nos
lecteurs le savent, a été couronné par la société du Bas-
Rhin lors de sa séance solennelle du 27 décembre 1868.
Dans sa préface, M. Oppermann range l'instruction parmi
les moyens de perfectionnement les plus efficaces et par
conséquent les plus urgents. L'instruction, dit-il, facili-
tera l'appréciation de chaque procédé de culture, en fera
peser les motifs, fera disparaître la méfiance, et engen-
drera le progrès. Ces quelques mots suffisent pour mettre
en évidence l'esprit qui a guidé M. Oppermann dans sa
longue et difficile étude des procédés de culture dans les
diverses zônes du département du Bas-Rhin. Ajoutons
que ce travail, par les minutieux détails qu'il renferme,
complète, en quelque sorte, les vastes investigations faites
lors de l'enquête agricole par MM. Eugène Tisserant et
Léon Lefébure. Ces investigations, réunies en un volume
in-4° de 464 pages, ont été également publiées pendant
l'année 1869 par le Ministre de l'agriculture, du commerce et des travaux publics.

Nous avons encore sous les yeux un volumne sorti des
excellentes presses typographiques de M. C. Decker, de
Colmar, et consacré spécialement par son auteur, M.
Alexandre Moll, à l'étude du projet de code rural. Le
public alsacien connaît trop bien la plume vigoureuse et
l'esprit si sagace de M. Moll, pour qu'il soit nécessaire

de lui recommander ce volume qui ne tardera pas à trouver sa place dans les bibliothèques des cultivateurs comme dans celles des légistes.

Il nous reste à dire un mot d'une petite brochure dont l'extérieur est bien modeste, mais dont le contenu est d'une haute valeur pour les campagnards et surtout pour les éleveurs. Nous voulons désigner le bulletin annuel de la société des vétérinaires d'Alsace. Le bulletin de 1869 renferme de très-utiles observations faites sur la nature des virus dans les maladies contagieuses des animaux domestiques, sur la révision de la législation relative à ces maladies, sur le cornage et le charbon en Alsace, sur le commerce des viandes insalubres et enfin une discussion sur l'origine des races bovines dont nous trouvons un assez grand nombre de spécimens dans notre province. A une époque où l'origine des espèces et des races préoccupe si vivement les savants en Angleterre, en Allemagne et en France et où l'école Darwiniste proclame hautement que les espèces et les races sont variables, que celles-ci descendent d'un très-petit nombre d'espèces primitives et que l'homme même a dû passer par les transformations successives de l'être rudimentaire à l'être parfait, à cette époque, disons-nous, une discussion soulevée au sein d'une société savante des vétérinaires a dû naturellement donner lieu à des controverses animées. Nous regrettons donc vivement que le cadre de ces lignes ne nous permette pas de reproduire en substance les principaux arguments soutenus contradictoirement de part et d'autre par MM. Miltenberger ; Reech ; Zundel ; Kopp ; Borhauer, et Flaxland, membre correspondant de la société.

Et maintenant après avoir rendu compte des travaux,

des publications et des progrès réalisés dans le domaine agricole pendant l'année qui vient de s'écouler, qu'il nous soit permis de remplir un dernier et pieux devoir en portant une couronne sur les tombes de deux hommes dont chacun, dans sa sphère, à rendu d'éminents services à l'agriculture alsacienne.

C'est le 14 mai dernier que la mort a enlevé M. Schattenmann, âgé de 83 ans. Sa longue et laborieuse carrière a servi à tous ceux qui vivaient autour de lui, à la fois comme exemple de dévouement, de désintéressement et d'activité.Lié d'amitié avec des sommités scientifiques parmi lesquelles nous ne citerons que MM. Boussingault et Dumas, il était en même temps l'ami du laboureur et du vigneron et fut le promoteur d'un grand nombre de progrès réalisés, depuis plus d'un demi siècle, dans l'industrie et dans l'agriculture. M. Schattenmann a été nommé successivement chevalier de la légion d'honneur, membre du conseil général d'agriculture de France, membre du conseil général du Bas-Rhin, et a remporté, en 1865, la grande prime d'honneur au concours régional de l'Est.

L'autre tombe sur laquelle nous aimons à déposer notre tribut de regrets et de souvenirs affectueux, est celle de M. Salzmann, ancien maire, ancien président du comice agricole de Ribeauvillé, membre du conseil général et chevalier de la légion d'honneur. Les discours qui ont été prononcés sur sa tombe par MM. Lefébure, père et fils, par MM. Klée, A. Jœranson et Ch. Steiner, prouvent combien les vertus civiques du défunt ont laissé de profonds souvenirs dans le cœur de tous ceux qui l'ont connu et qui ont eu l'occasion d'apprécier son

149

dévouemént au bien public, la droiture de son esprit et la loyauté de son caractère.

Un dernier mot.

Les pages que nous venons d'écrire et que les circonstances ne nous permettent pas de continuer, ont eu pour but de mettre sous les yeux de nos lecteurs les travaux, accomplis isolément en Alsace, soit par des sociétés agricoles soit par des particuliers, de discuter ensuite les procédés de culture qui seraient à innover ou à abandonner, et, en dernier lieu, de faire connaître les découvertes scientifiques relatives à l'agriculure et auxquelles il manque en Alsace, pour les classes laborieuses, un organe de propagation. Nous n'avons pas la prétention d'avoir atteint ce but si difficile que nous avons poursuivi ; cependant, nous serions heureux si l'essai que nous venons de faire pouvait engager une plume plus autorisée et plus érudite que la nôtre à continuer l'œuvre que nous avons commencée dans la limite de nos moyens.

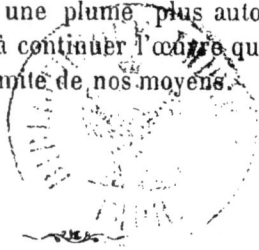

TABLE DES SOMMAIRES

— — — —

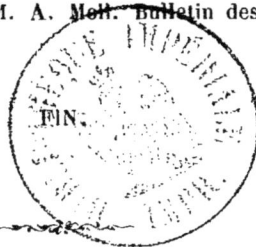

FIN.

COLMAR IMP. DE C. A. BACKER

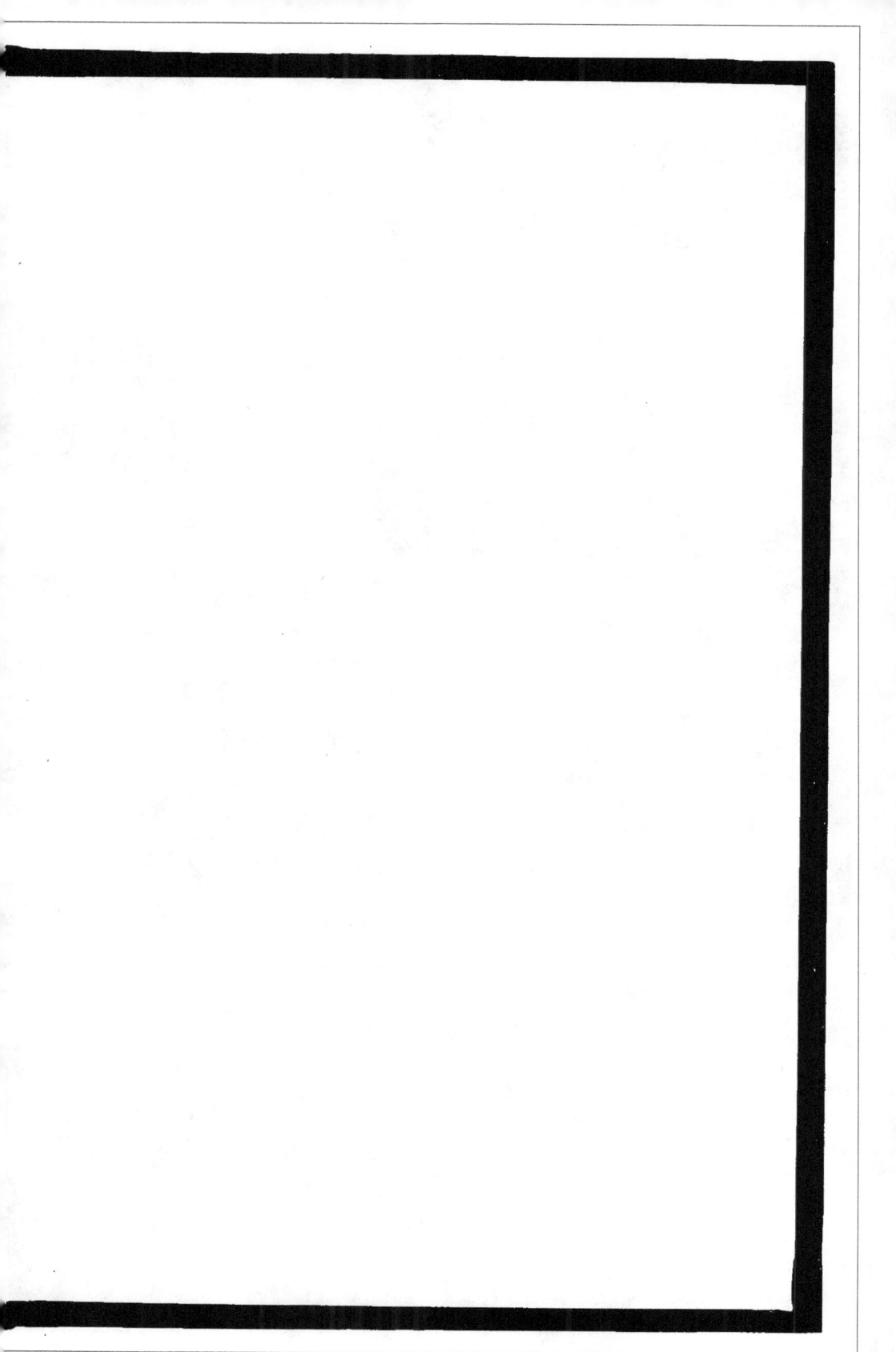

www.ingramcontent.com/pod-product-compliance
Lightning Source LLC
Chambersburg PA
CBHW050111210326
41519CB00015BA/3913